俄罗斯社会与文化译丛 王加兴 主编

Политика действий в прибрежной зоне

海岸带行动策略——
以俄罗斯等国为例

Николай Леонидович Плинк

〔俄〕尼·列·普林克 著 郑振东 译

南京大学出版社

前　言

　　海岸带——衔接海洋与大陆的相对狭小的水面和陆地的条状地带,如今正成为人类极其多样化兴趣的聚焦所在。与此同时,这些多样化的兴趣,又常常会以自然资源不同利用者之间产生冲突的方式表现出来。为能在经济增长与生态安全之间寻找到一种平衡,亦为了解决环境保护方面的其他一些社会和经济问题,一种以海岸带综合管理之名而著称的方法,被构建出来。这一方法,作为海岸带诸领域可持续发展的一种手段,近些年已获得广泛承认和发展。

　　海岸带综合管理领域内的种种革新,亦决定着教育领域内应启用一些新方法的必然性。在此种情形之下,海岸带综合管理所要探索的,既有原生环境问题,亦有人类对环境的影响问题。有鉴于海岸带种种自然系统和人类影响的复杂性,开发跨学科式教育便成为势在必行之举。这一教育方法,可以详尽研究各类自然过程与经济发展之间的交互作用关系、生态安全和环境保护问题、立法的完善、海岸带区域内发生的自然和人为灾难。若不将海岸带作为一个管理的统一体来理解——这样的缺失,常常会导致管理工作中部门之间管理方法的阙如。传统的海洋学诸学科或管理学领域的教育,亦不能确保对海岸带诸系统整体性的理解达到足够的水准。

　　《海岸带行动策略》教学用书第一版,系俄罗斯国立水文气象大学、西班牙加的斯大学和葡萄牙阿维罗大学在欧洲联合项目(T_JEP-10814-1999 ТЕМПУС/ТАСИС)"海岸带综合管理的教育与实践拓展"框架内密切协作撰写完成。该部教科书陈述了运用综合手段管理海岸带发展诸过程的方法论基本方法与原理。但近来,这方面获得了进一步的发展。这与管理职能的内涵和整套工具的扩展相关。此类发展成果,可以在制定相关决策过程中加以利用,以确保在国家管理的统一目标框架内使沿海地区和海岸带水域内经济和社会获得可持续发展。在综合方法的一般方法论范畴内推行一整套的海洋空间规划工具,可以将海岸带作为一个管理目标而令其边界扩大到隶属于沿岸国家司法管辖水域的最大可能边界,直至其海洋专属经济区的外部边界。依据 1982 年制定的联合国海洋法公约,海洋专属经济区,系领海以外并与领海相接的那部分海域。海洋专属经济区的宽度,从测定领海宽度的基线算起,不应超过 200 海里。若被理解为系"大陆架"的水下陆地边缘延伸超过 200 海里,则专属经济区的外部边界可以超出 200 海里的界线,但不得越过 350 海里。

依据这一公约规定的原则,沿岸国家在其专属经济区内,可以为进行(生物和非生物的)自然资源的勘探、开采与保护目的而行使主权;可在建造与利用人工岛屿、设施与建筑物,从事科学研究,保护与维持海洋环境,履行该公约所规定的其他权利与义务,实施司法管辖权。因此,综合管理方法的理念,不仅可以被运用于相当狭小的海岸地带——在这一范围内,各种过程与陆地和海洋的交互影响,表现得最为强烈——亦可运用于对整个海事活动的发展实施管理的过程。这便在相当大程度上扩展了海岸带综合管理方法利用的一些功能性潜力。种种综合性方法的发展,乃是一个连续不断的过程;而这些方法,则是以对某些管理模式的利用为基础而创立的。每一种模式,均被定向用于解决一些具体的功能性课题。管理海事活动和海岸带的整个系统,其整体性,是由在每一种管理模式方法中均被确认的那些共同原则所决定的。可以划归于此类共同原则之列的有:跨学科性、生态系统方法的开发、管理过程的不间断性、适应性管理的运用、自然资源利用者的参与、对社会人士的吸引以及其他一些原则。不过,总体说来,推进旨在对海上和陆上发生的种种交互影响过程予以共同研究的一体化进程,才是一项关键性的运作。不实现这种一体化进程,无论海岸水域和沿海地区还是整个海洋事业,其一揽子发展的路径,都是行不通的。一体化发展的思想,构成了海岸带综合管理方法的基础。本书第一版中向读者介绍海岸带综合管理方法论基本概念、路径和工具的那些章节,阐释了运用集约化管理方法的基本原理,因此,现今这个版本对那些章节,予以保留并加以补充。此外,新版本补入两个章节的新内容,一章为反映海洋空间规划方法的发展(第 4 章),另一章则是介绍俄罗斯借助沿海地区社会—经济发展战略规划手段在海事活动管理中推行海岸带综合管理方法所取得的经验(第 5 章)。关于海岸带综合管理发展的内容,在新版本中,补入了对海洋事业及其岸上基础设施的发展运用相互关联的子系统予以管理的集约化方法一般概念的叙述。该类子系统所实施的,是集约化方法,并被赋予执行海洋事业管理的一些具体功能。

本书叙述了海岸带综合管理理论的基本原理,这一理论是制定海岸带可持续发展行动策略的依据;海岸带综合发展计划的创意与实施的一些主要阶段,作为实施海岸政策的方式方法而得以详细的研究;对一些主要的管理机制予以了描述,其中亦兼顾到世界海洋和俄罗斯联邦海岸带发展现状与前景。

故,新版的《海岸带行动策略》,借助在世界范围内的实践中有着良好表现的海岸带综合管理模式实例,能够对有关综合管理方法的一些基本概念予以简略的介绍,对运用海岸带综合管理方法提高海洋事业对沿海地区社会—经济发展和海洋环境的维系与保护的贡献现状予以展示,并揭示出以拓展海洋自然资源合理利用为定位的一体化管理方法的进一步发展趋势。

目　录

导　论

海洋利用一体化管理
方法发展简史与前景

　　人类不断追求自然资源的优化利用,并努力设法使环境保护体系得以实现,这便凸显了研究并推行以合理利用自然资源为定位的新型管理模式的必要性。一体化管理方法在海洋利用领域内的发展,是管理行为中一个相当新式的流派,其历史为 50 年左右。一体化方法的思想是在一项管理方案中第一次得到了最完整的表述。这一管理方案,在世界范围内的实践活动中有着出色的表现并获得了海岸带综合管理的称谓。

　　向海岸带综合管理模式做出的这一转变,意味着:

　　◇ 要**形成**这样一个概念,即:滨海区域和沿岸水域系一个被称之为"海岸带"的统一的自然、社会和经济系统;

　　◇ 要**构建**协调自然资源利用者关系的法律、经济、伦理—道德机制体系;

　　◇ 要依据实现国家海洋政策的共同目标、优先原则和任务对种种行动予以**评估**;

　　◇ 要使海洋事业的发展计划和滨海区域社会—经济发展战略**一体化**;使海洋事业的发展与岸上基础设施的建造等行动**协同一致**;

　　◇ 要**运用**既定的一整套一体化手段和程序,在国家管理的统一目标范畴内,论证并核准通过与滨海区域和沿岸水域发展相关的决策。

　　表 1 所示,为管理海岸带诸过程的一体化方法的主要发展阶段。在这里应当指出,"海岸带"不仅会被作为位于陆地与海洋接合部的一个跨界空间单位而受到研究,亦会被作为一个关注发生于陆地与海上的所有过程之交互作用的管理目标而受研究。这一目标,可能会因正在处置的管理任务的规模大小而改变自己的空间边界。海岸带综合管理不会取代行业性管理,也不会效仿这一做法,而是会有助于国家管理功能的实现。

表 1   海岸带诸过程管理的主要发展阶段

(援引自引用文献目录-25。依据奥里奥丹和维林加提供的资料,1993 年)

阶段	日期	主要特征
1	1950—1970	■ 行业式规划与管理方法; ■ 哲学观念——人类乃是大自然的改造者; ■ 低等级的社会参与度; ■ 有限的生态管理方式。
2	1970—1990	■ 行业间协作获得改善; ■ 社会作用得到加强; ■ 以环境变化评估取代生态学观察; ■ 生态知识得到传播; ■ 项目得到论证。
3	1990—现在	■ 致力于可持续发展; ■ 强化环境保护的综合方法; ■ 生态的修复; ■ 存在着吸引公众参与的必要性。
4	未来	■ 在以生态和社会为取向的国家管理与保障的基础之上构建海岸带管理诸体系。

　　海岸带综合管理模式,应当被视为管理海洋经济总体的一种创新技术。海岸带综合管理的实际施行,旨在为滨海区域和国家的社会、经济的全方位发展构建基础,总体说来,是要依赖更为有效的利用海洋事业的潜力。海岸带综合管理在将沿岸的陆地部分和与之相濒临的海域均纳入管理的统一目标的同时,也关注到海洋事业的倍增作用,调和各类资源利用者的利益,以便为海洋经济总体发展营造出最佳环境。凭借提升海岸地带社会整体的知情度与认知水平,海岸带综合管理会使人的潜能得到发展。海岸带综合管理领域技术骨干力量潜能的形成,要求以新一代管理人才的培养为前提;而这新一代管理人才的技术素养与专长,则是建立在种种跨学科的和综合性的方法基础之上。

　　对海岸带综合管理的发展史予以研究,有助于理解形成于海岸带社会—经济系统内的种种关联,以及规划和管理的方式方法演进的种种条件。对海岸带发展过程的集成化管理方法的发展史和前景予以简要的研究,亦将有助于从成就共同目标与使命的角度去更为深入地理解接下来要讨论的综合管理的一些具体方法,去理解现实中存在着的合理利用海洋的挑战与问题。

　　自远古时代起,人们便已在海岸地带从事一些有益的经济活动。此类活动与利用由海岸带的特殊条件所制约着的种种独一无二的资源相关:修建港口与防波堤,进行海上运输与贸易,利用各式各样的渔业捕捞系统,使用种种材料进行建筑,等等。环境保护问题,则主要是由建筑者来应对。而建筑者们为此所付出的精力,仅限于减少向海域内倾倒垃圾。主要系采用手工劳作营造的那些建筑物,其规模比较小,因此,在海洋资源利用效率不高的情形之下,对环境所构成的影响程度,亦曾相对不大,故不需要采取专门的保护性措施。始于 7 世纪的威尼斯城市综合系统的建设与发展,可以作为这一类型的海岸带发展的一个实例。就这些文明而论,城市居民某种协商一致行动的达成,或者由某位领袖人物所采取的一些决定,也曾类同于海岸带资源利用规划系统。例如,俄国沙皇彼得一世曾做出营建圣彼得堡城的决定,为的是确保俄罗斯拥有通往波罗的海的出海口和开凿出面向欧洲的"一扇窗子"。这项由一个人独断而成的决策,其结果便是:与涅瓦河河口毗邻的这方海岸地带,经历了一场极其重大的变化。在这一时期,资源绰绰有余,但技术手段是有限的。因此,在那个时段,诸区域的发展,与其说是个经济问题,莫如说是个社会问题。

　　随着工业化的发展和 19 世纪中叶发轫于欧洲的技术革命的兴盛,对自然资源的利用与需求的可能性,大为增加。技术革命孕育出可以营造更为庞大的建筑工程的设备。例如,可以建造拦河大堤,以调节河流的流量。一座座城市构织出一处处巨大的空间。工业革命亦使对待自然资源的态度本身发生了改变。"自然资源"的概念出现了,人们已经开始试图规划对它们的利用。不过,在对待资源利用的态度方面占据主导地位的理论,是将人类优先于自然和其他生物种类奉为圭臬。发展的根本目的,被理解为是以获取最大利润为目标的增产。因而,在那个时期,对生态问题、社会问题,对人类角色的领悟,均少有关注。随着市场关系的发展,自发式的自然资源利用,势必会向分配制的利用过渡——这已成为显而易见之事。自然资源开始被人们认为是有限的,这便导致了人类社会对待自然资源利用的态度于 19 世纪末 20 世纪初时发生了改变,其中亦包括出现了对一些必要性的了悟:

◇ 必须研发出以储量与需求原则为依据的经济学理论；

◇ 必须保护环境免遭可能发生的破坏；

◇ 必须进行一些社会改革；

◇ 必须在利用自然资源时予以规划与管理。

19世纪末20世纪初，在一些发达国家和所谓的"新兴"国家中，区域规划的发展，显现出它所具有的影响力，并于日后成为海岸带综合管理发展的基石。借助对一些经济活动加以限制、将一些区域划定为社会自由利用区、解决与污水收集相关的一些问题等方法，使个别一些冲突局势得以化解——这里所提及的，均是区域规划中的重大要素。工程手段所发挥的作用，始终是相当重要的，但是，将一些区域划归为城市建筑用地和工业工程项目用地的必要性、对正在强化着的以各种休闲为目的的海岸带利用予以调节的必要性，亦使区域规划在海岸沿岸区域开发时所具有的作用，日益得到加强。

然而，对人类向海岸带自然界入侵的探讨、对海面与陆地所发生的诸过程进行协同研究的必要性的探讨——这还是较为晚近的成果。合理利用自然资源的一些原则，已于20世纪中叶奠定下来。通常认为，生态管理始于一些滨海公园和自然保护区的设立。第一座海滨公园于1930年方始开设。现如今，全世界共计有4500处自然保护区，但仅有850处将海岸或海洋纳入其构成之中。因此，可以指出，对自然保护设施的管理，迄今为止，其潜力远未穷尽。

管理行为的各种不同指向，例如生态管理、资源管理、各类工程项目的实施、居民区和厂区的开发规划等，在相当长一段时间里，均是各自独立发展着。它们都曾可以被视作海岸带管理的一个个独立的单元。不过，这些独立的单元以及其他一些管理行为被以"海岸带综合管理"之名结合成一体——这也只是20世纪六七十年代的事情。环境保护的势在必行、地球人口的快速增长、人类活动影响的增加和生态系统数量的递减，引发了"发展的可持续性"这一术语的诞生。这一现今极其流行的观念，其最为重要的本质便是：发展，若其不仅是要使当代人所面临的课题能够得到解决，也要为未来数代人留下机会去顺遂解决他们将会面临的课题，那么，它就应当是可持续性的（《环境与发展的世界使命》，1987年）。现今发展所面临的最为重大的课题，就是必须使可持续发展这一理念不仅

成为一种思维方式、成为采纳决策的一项基本准则,亦要成为所有国家发展战略
应当遵行的一项政策。未来一代人,应当能承继一份健全的遗产,即他们所获取
的知识与技能水准、生产资本的储备、人与自然相互关系的质量,与当今这代人
相比,均应不在其下。可持续发展的理念,已经成为海岸带综合管理发展进程中
的重大主导思想之一,因为导致这一理念形成的那些问题,正在海岸地带极为尖
锐地显现出来(今后亦将会多次地显现)。

在海岸带综合管理的发展中,作为实际行动的导向而发挥过极为重要作用
的,是一些组织工作和一系列各类国际性措施的推行,这首先就是 1992 年联合
国于里约热内卢举办的有关环境保护与发展的那次会议。会前进行了大量的组
织工作,其中便有:筹备并出版了一份名为《我们共同的未来》的报告,吸引一些
例如联合国环境规划署、联合国全球气象组织、联合国食品与农业组织等这样的
国际组织的参与。里约热内卢国际高峰会议所取得的成果,便是通过了一份总
结性的文献——《21 世纪议程》。在这份总结性文献的第 17 章中("各大洋、各
类海洋,包括封闭的和半封闭的海洋及其沿海地区的保护,以及对其现有资源的
保护、合理利用与开发"),亦指明了海岸地带可持续发展的必要性。创建一个综
合性的管理海岸带的系统,曾作为确保这一可持续发展的一种手段而推荐给所
有拥有沿海地带的国家。此次高峰会议在海岸带综合管理发展中所发挥的作
用,是极其巨大的。里约热内卢宣言中提出的原则,以及由该宣言衍生出来的课
题,在许多著述中均曾受到讨论(例如本书引用文献目录- 15 中所述)。

美国于 1972 年通过的海岸带管理法(US Coastal Zone Management Act),
是对海岸带境内发生的各类过程实施管理的最初尝试之一。尽管在美国受这一
法律调节的大多数国家级规划,其宗旨均系着力于已发达地区的布局,但是,它
们依然囊括了一整套内容广泛的、涉及政治、文化与自然的各类方针政策。这些
方针政策,已成为研制海岸带综合管理体系实施的各种机制的基础。

海岸带综合管理这一概念诞生于 20 世纪 80 年代末,当时正在筹备举办联
合国环境与发展大会。联合国属下的几个国际组织,首先是世界粮食组织(即联
合国食品与农业组织),对策划撰写有关海岸带综合管理概念方面的文章所具有
的必要性,给予了支持,并推动了这一过程的初始阶段。曾参与此文撰写策划工

作的分析者们,有可能是首次使用了"海岸带一体化管理"(Integrated Coastal management)这个术语,借之用于着重强调:对在海岸地带发生的所有过程、对它们在交互影响中发生的所有过程,予以详尽研究,具有事关重大的必要性。

应当指出:在非专业范畴内,在对管理体系进行分析时,常常会将系统化方法、综合化方法和一体化方法理解为同义语,这是不完全正确的。在管理理论中通常认为,系统化方法意味着是从系统的垂直结构形成的视角,即管理的不同级次的交互作用形成的视角,去分析管理系统;综合化方法,通常被理解为是一种基于沿水平方向、对通常为同一管理级次的管理系统诸多不同环节相互作用予以研究的分析方法;一体化方法,则是将上述两种管理系统分析方法合并于一个统一的管理模式框架之内。因此,严格说来,就海岸带综合管理方法而言,使用海岸带一体化管理这一术语来指称,是较为正确的。不过,在接下来的资料叙述中,大多时候我们还是会使用已在俄罗斯约定俗成的"综合化"管理这一术语。能为在俄罗斯使用"综合化"管理这一术语的合理性予以辩护的是,目前,在一体化的总进程内,正是在综合化这个方向的发展中,取得了最大的进步(即将滨海区域与沿岸水域在统一的规划目标框架内联合起来、将海岸带各种各样资源的利用者们吸纳到管理过程中来,等等)。有关不同级次的一体化发展方向与成就的问题,将在 1.4 章节中得到较为详尽的分析研究。

能激发起世人对开发海岸带综合管理国家系统产生兴趣的缘由,不胜枚举。表 2 中所列的那些主要问题,便是一些曾充当过令海岸带综合管理方法研制方面的种种努力得以激活的触发器。这些资料是由比莲娜·奇钦-赛恩和罗伯特·尼克斯特(美国特拉华大学)在向海岸带综合管理方面的国家级专家进行的一次国际性问卷调查过程中获取的(见引用文献目录- 15)。参与此问卷调查过程的,有来自大约 50 个经济、社会和政治发展水平各异的国家的人士。此次问卷调查,是对海岸带综合管理发展领域内的国际和国家经验进行总结的最初尝试之一,因此,我们接下来将会不止一次地回顾此次调查所获得的结果。有关此次问卷调查的参与者、问卷题目和调查结果等更为详尽的信息,可以在他们撰写的图书中获得。该图书已在联合国教科文组织政府间海洋学委员会的赞助下出版发行,并被列入本书引用文献目录中。

已经开始推行海岸带综合管理方法的那些国家,拥有各自不同的社会—经济发展水平,这反过来亦决定了那些在最大程度上促进了不同国家海岸带综合管理机制创建过程启动的动因,也是千差万别的。

表 2　海岸带综合管理的触发器——49 个沿海国家海岸带综合管理启动的缘由(按百分比计)

(据比莲娜·奇钦-赛恩和罗伯特·尼克斯特提供的资料)

缘　由	国家所占百分比
资源枯竭	18
污染	20
生态系统遭到破坏	18
海岸带利用带来的经济利益	22
新的经济机遇	6
自然灾害造成的损失	10
其他原因	4

另一方面,促成海岸带综合管理方法得以推行的缘由,其多样化也表明:确保海岸带综合管理系统在其实施的实践中具有多功能性,也是必然为之的。这些专家们并没有指明海岸带综合管理系统应当被定向去解决的一个或两个主要问题。所有这些问题的解决,据这些接受咨询的专家们所见,均具有大致同等的优先权并因此应当进入海岸带综合管理的目标范畴之内。

表 3 中所列,是向国家级专家们进行国际问卷调查所获致的数据。它们表述着专家们对那些令经济发展水平不尽相同的国家在国家层面上加速海岸带综合管理发展的各种动因的评价(见引用文献目录-15)。各种动因的贡献,是按该动因与促进海岸带综合管理发展的原因总量的百分比来确定的。依据问卷调查的操作规则,专家们可能会指出:依他们之见,已经成为海岸带综合管理发展"催化剂"的原因,不是一个,而是若干个;故表格中每一纵列的百分比之和,均超出 100%。

表3　据对国家级专家进行的国际问卷调查数据统计,不同经济发展

水平国家的海岸带综合管理发展启动催化因素(按百分比计)

(据比莲娜·奇钦-赛恩和罗伯特·尼克斯特提供的资料)

启动催化因素	所有国家 (48)	发达国家 (13)	中等发达国家 (15)	发展中国家 (20)
环境的恶化	23	8	20	35
岸区和海区开发建议的提出	42	15	67	40
国家的倡导	73	92	60	70
区域性或地方性的倡导	33	23	33	40
非政府组织的倡导	35	46	40	25
国际组织的倡导	25	8	33	40
对地方问题的解决方案	19	15	13	25
外来融资	25	0	27	40
国际高峰会议的建议	31	23	27	40
其他原因	4	8	0	5
未知原因	2	0	0	5

对这一表格所做的分析表明:就一些经济发达国家而言,最具有意义的,是那些在国家层面上被予以践行的倡导,是有关非政府组织的倡议和由里约热内卢全球高峰会议所提出的那些建议;对中等发达国家而言,可以归入海岸带综合管理发展进程主要催化因素之列的,是沿岸地带和海上区域经济发展的前景、国家层面的倡导和非政府组织的活动;对经济上存在着一定问题的发展中国家而言,激发海岸带综合管理方法发展的原因,则是十分宽泛且众多的。与上述种种境况不同,那些与环境质量恶化相关的问题,正在开始扮演相对更为重要的角色。其结果便是:某些因素获得了较为重大的意义,例如:在当地的、区域性的层面上解决问题的必要性,外部融资,国际组织资助。

如此一来,作为中间结论,可以指出:

——**存在着调控海岸带发展过程的迫切必要性**。如若不进行这样的调控,海岸带各类利用者利益间的矛盾规模与深度,便会随着人口的增长和海洋自然资源储备利用的增加而扩大;

——就海岸带发展管理而言,对海上与沿岸正在发生着的种种相互关联的过程做出深入理解,是必不可少的。因此,便产生了**对一种综合性的方法论的需求**。以这种综合性的方法论为基础,方有可能对复杂的交互作用系统进行描述;

——这种用来维持海洋和沿岸自然资源利用、自然环境现状保护活动具有可持续发展水准的方法论,其实际的施行,便是**海岸带综合管理方法模式**。

我们现在将欧盟海岸带开发综合方法的发展作为一个实例来研究分析一下。在西欧大多数国家内,海岸带综合管理方法的推行过程,始于 20 世纪 90 年代中期。那时,依据欧盟的倡议,曾实施了一组名为"海岸带综合管理示范计划"的试验性项目。欧盟诸国海岸线总长度约为 7 万千米。欧盟各国国内生产总值和人口约 40% 分布在沿海地区。欧盟的海岸带是沿着 2 个大洋和 4 个大海(波罗的海、北海、黑海和地中海)延展的,其特征是自然—地理条件和海岸类型的多样性,并拥有不同的发展水平;各国在海岸立法方面亦存在差异。因此,实施这一示范计划的目的之一,便是要评估在真实的海洋利用现实环境下实际利用综合方法各种手段解决沿海地区发展的一些典型问题的可行性。这一"示范计划"的成功实施①,为欧盟境内一系列文献的出台,提供了依据。而这些文献,则为将综合方法论广泛推行于沿海地区发展管理实践之中,奠定了法律基础。欧盟委员会向欧盟理事会和欧洲议会提出的呼吁——《关于海岸带的综合管理:欧洲战略》(2000 年),以及有关向欧洲诸海域海岸带推广海岸带综合管理方法的建议书(2002 年),可以被归入欧盟为使海岸带综合管理方法合法化而出台的首批文献之一。

在已获得采纳的建议书中,海岸地带诸领域规划与发展的综合化(一体化)方法基本原则,已经被清晰定义出来。发生于海上与岸上的种种过程,其紧密的交互作用关系,是海岸地带诸领域所具有的一个主要特征,这便为将海岸带综合管理方法融入海岸带可持续发展方法的共同体系提供了独一无二的机遇,即使这些方法并非侧重关注海岸带所具有的特色。可以列举出来作为此类施之于环

---

① 对该项示范计划成果所做的经济(即成本与收益)分析数据,在第 6 章中有更为详细的讨论。

境保护的"通用"型方法实例的有:有关在实施任何国家的或私营的项目规划时必须对其环境影响予以评估的要求(如《欧洲经济共同体第 85/337 号指令》)、有关在研制发展规划和战略时对其影响进行战略性评估的要求(如《欧盟第 2001/42 号指令》)、有关履行《欧盟水管理框架指令》中沿海水域准则的要求(如《水管理框架指令,欧盟 2000/60》)等。

海岸带综合管理系统的推广,自最初之日起,便不是为了创建某种新型的、"平行式的"海岸地区社会—经济发展过程管理系统。在实际方面,海岸带综合管理的实施,曾被视作是对自然源资源合理利用已有有益实践的彰显;是对海岸带立法空白点的清除;是强化、其中也包括创立国家各级管理部门与海洋事业部门之间协调和互动作用的一些新机制;是吸纳海洋和沿岸各类资源的利用者以及海岸带地区社会和公众参与沿岸具体地段发展决策的筹划与核准通过的过程。在战略方面,推广海岸带综合方法,其宗旨便是要提升沿海地区居民的生活质量,其中亦包括提升海岸带的生态现状;其途径则是要对现存问题予以综合性研究,以及解决因竞争式利用海洋和沿岸资源而引发的冲突。

沿海国家的居民福利,在相当大程度上取决于海洋事业。在这方面,造船业、航运业、港口永久设施基建工程业和渔业,始终是关键性的海洋事业种类。海港业和航运业使得欧洲从快速增长着的国际贸易中获得利润,并在世界经济中扮演着举足轻重的角色。与此同时,海事活动中出现了一些新的、具有发展前景的种类,这些新型的海事活动,凭借对各种各样的海洋资源的利用,可以获取可观的收益。应当被归入此类资源的,首先便是一些能量载体资源的储藏,其中包括石油、天然气以及一些再生能源。亦渐渐变得同样重要起来的,还有与正在活跃发展着的沿岸和海上旅游业相关的休闲类、观赏类和文化类等产业对沿海地带的利用。诸如海洋生物技术、一些新型的水下工艺技术之类的事业,正在获得进一步的发展。依靠生态系统公共事业服务而获取的利润,也在海洋资源储备和资源利用方面占据独特的一席之地。

因为注意到海洋事业在沿海地区发展中扮演着一个关键性的角色,故海岸带综合管理的一个根本性主张——必须在复杂的自然、社会—经济诸系统的管理中发展一体化方法,便在为欧盟诸国研制海洋经济活动综合政策和相关措施的规划［例如 The integrated maritime policy（IMP）for the EU（COM（2007）575 final）］过程中有所体现。这些文献的获准通过，旨在加强部门性政策导向的协调、确保对部门间的相互影响予以关注和借助构建垂直式政策手段的办法来进行管理。综合性的海洋政策，是以管理结构的存在为前提的。在这一结构中，在其每一个层面上，都会运用到基于对平行式和垂直式政策手段加以运用的综合性方法。文献中指出：**"委员会支持综合性海洋政策的制定。这一政策应当囊括我们与诸大洋和海洋之关系的所有方方面面。这一革新式的和整体化的方法，将导致创造出一种连续性的政策，这一政策将会确保所有与海洋关联的各类活动均能获得最佳的、可持续性的发展。"**综合性海洋战略实施过程中的一个重要角色，被给予了海洋事业所有参与国的合作的发展。同时，那里也表明：**"出于这些重要的考量，委员会为欧盟提出综合性的海洋政策建议。这一政策基于一种清醒的认知，即所有涉及欧洲所濒临的大洋和大海的问题，均系相互关联；为了能取得理想的成果，关涉海洋的政策，应当得到协同一致的发展。"**

　　在可持续发展的共同理念框架内积极发展海洋和沿岸经济活动，不应当对环境状况构成不良影响。因此，海岸地带发展的综合管理方法，其最为重要的任务之一，便是实施生态系统方法。这一基于生态系统方法的管理，可以被确定为海岸带综合管理的一个分支。这一分支将海岸带视作一个完整的、其间亦包括人类存在的自然系统，其目的则是在获取商品与服务的过程中维系和保护这一系统的有益性、富有弹性和能产性。在欧洲，就这一导向的实施而言，具有重要意义的，是得到欧洲议会和欧盟认同的海洋自然保护政策领域制定共同行动的框架大纲（即 Marine Strategy Framework Directive 2008/56/EC）。作为这一海洋战略的一个重要目标，曾经提出必须使欧洲诸海洋于 2020 年前达到"良好生态状况"（good environmental status）。

　　在顾及生态方法的同时，将注意力聚焦于对海事活动对象布局的规划，这导致在海岸带综合管理系统的综合方法发展中出现了一个新的分支，其名为**"海洋空间规划"**（Maritime spatial planning — MSP）。海洋空间规划通常被视为是：鉴于海洋事业现行的和计划内的发展而对人类在海洋空间内的活动所做的评估、分析与功能性分区。海洋空间规划手段的推行，使得不仅可以保障海洋空间得到合理利用,亦可加快海洋利用范围内的决策过程、避免海事活动各类参与者之间潜在的冲突、减少项目实施的交易成本、改善投资环境。一些再生能源,首先是风能的发展计划,已经成为促成海洋空间规划在欧洲获得发展的触发器之一。2011 年,在欧盟的 10 国家内,已经有 53 个海上风能装置试验区在发电,总发电能力为 3.8 吉瓦;所占海域总面积为 2 400 平方千米。计划到 2020 年时,风能发电装置的总发电能力应达到 40 吉瓦,这便需要利用 25 000 平方千米的海洋空间。到 2030 年时,风能所占份额应为欧盟国家电能总需求量的 14%,达到 150 吉瓦。因此人们推测,制定可靠的海洋空间规划计划,可以有保障地每年向欧盟海洋风能投资约 24 亿欧元。总体说来,已经取得的评估表明:海洋空间规划的推行,可以因海洋风能和水产养殖开发投资的增长,以及使投资人减少总额为 4~18 亿欧元的交易成本而为欧盟各国额外贡献 1.55 亿至 16 亿欧元的经济效益(资料来源:European Parliamentary Research Service,Briefing 05/12/2013)①。海洋空间规划问题,将在本书第 4 章中有更为详尽的分析研究。

与海洋事业和海岸带开发综合方法所具有的全欧式的发展趋势一样,种种地区性的创意亦得到顺利发展。可以归入此类的,便是 2011 年生效的关于有必要在地中海区域诸国构建国家级海岸带综合管理系统的巴塞罗那协定特别备忘录。这些行动,拟定要在履行地中海行动计划的框架内得到实施;而地中海行动计划,则确定了在地中海利用与保护领域内沿岸各国进行地区性国际合作的方针。

在波罗的海地区海洋空间规划的发展中扮演了重要角色的,是赫尔辛基委员会②所采取的行动。该行动定义出那些应当被用于为研制波罗的海地区各国海洋空间规划协同方案(如 HELCOM Recommendation 28E/9 on development of broad-scale marine spatial planning principles in the Baltic Sea area)奠定基石的基本原则。欧盟与各国政府之间,以及例如赫尔辛基委员会、环波罗的海视

---

① http://www. europarl. europa. eu/RegData/bibliotheque/briefing/2013/130705/LDM_BRI (2013)130705_REV1_EN.

② 赫尔辛基委员会——实施波罗的海环境保护公约的国际执行组织。

野与战略(Vision & Strategies Around the Baltic Sea)这样的非政府组织等之间的互动,对海洋自然资源利用的一体化方法的发展,构成了极其重要的良性影响。2014 年 7 月,欧洲议会通过了一项特别指令,确立了欧盟各国在海洋空间规划领域立法的共同框架①。依据这一指令,欧盟各国应于 2016 年之前通过协调海洋空间规划问题的国家法令。波罗的海海洋空间规划路线图,以及与之相关的一系列文献,其中包括在波罗的海实施海洋空间规划时生态方法的运用指南,均已在依据波罗的海环境保护公约而展开的(赫尔辛基委员会)工作框架内被制定出来②。

　　上述以欧洲为例的海洋和海岸带活动管理一体化方法发展史概论,反映出海洋利用政策的一些总趋势。鉴于推行海岸带和海洋事业管理一体化方法所积累的经验,总体说来,西欧、北美、东南亚和大洋洲,大约有 40 个国家积极开启了海洋资源利用规划的研制与施行过程。9 个国家已研制出此类规划,而 6 个国家已经将此类规划付诸实施。有些国家则将隶属本国管辖的专属海域划分为若干大型海区并为每一大型海区制定出此类规划。例如,中国便在本国领海范围内实施了 11 个省的管理规划。澳大利亚于 2012 年结束了 5 个区域性管理规划的研制工作。这些规划覆盖了澳大利亚专属经济区的整个水域。由于注意到海岸带综合管理范畴内国家利益和与海洋旅游业开发相关的经验,故在这些规划中,海洋自然保护区系统的研制,曾被赋予了特别的关注。

　　创制大型海区管理规划的有益实例,是挪威王国在巴伦支海综合管理方案的研制与实施方面的经验。2006 年 3 月,挪威王国政府以专题报告形式,就巴伦支海管理问题向挪威议会提出自己的建议③。亦是在 2006 年 6 月,挪威议会审议并通过了这份报告。这份报告遂成为挪威第一个区域性管理规划的依据。

----

①　Directive 2014/89/EU of the European Parliament and of the Council of 23 July 2014 establishing a framework for maritime spatial planning http://eur-lex. europa. eu/legal-legalcontent/EN/TXT/? uri＝uriserv:OJ. L_. 2014. 257. 01. 0135. 01. ENG.

②　http://www. helcom. fi/action-areas/maritime-spatial-planning.

③　Report No. 8 to the Storting. «Integrated Management of the Marine Environment of the Barents Sea and the Sea Areas off the Lofoten Islands».

属于这一规划作用范围的水域,其面积为 140 万平方千米,已超出巴伦支海的地理边界——它包括圣罗弗敦群岛水域、斯匹次卑尔根群岛周边的鱼类保护区。同时,管理区域不包括距海岸线 1 海里的沿岸水域。出于一些显而易见的原因,该项管理规划行动也没有扩展到隶属于俄罗斯联邦管辖的巴伦支海俄罗斯部分。

这份报告的制作过程,受到由挪威气候与环境部领导的跨部委协调委员会的协调。该项管理规划对 2020 年前这一时段内运作于该水域的所有行业的活动①(石油天然气行业、渔业、航海业、环境保护),予以协调。该项管理规划与全世界范围内众多同类文献有所区别的一个重要特征,是它对渔业行业的利益予以了关注,并使该行业的利益与其他行业的利益协调一致。为了能广泛吸引社会参与,该文献的所有中间文本和最终文本,均可在互联网上读取,以便于公众进行批评与提供建言。

该项管理规划具有建议性质,其内容不包括对单个行业实施管理的方案。推广和实际应用该项管理规划,是相应的国家部委、诸行业协会和一些企业的责任。正如所预期的那样,这些部门应当会在各自的活动中自愿接受该项管理规划的指导。实施该项管理规划的社会—经济效益,尚未受到评估。预计这一评估,将会由以当地居民组织、区域性管理机构的行政部门为代表的社会团体于未来对文献进行重新修订和更新时做出。该项管理规划被认为是创新式的和独一无二的,因为它首次指明了实际运用海洋经济活动综合管理和生态系统综合管理理论观念的路径。该项管理规划中的一个重要组件,便是所谓的"反馈"系统,即采用一套对海洋生态系统状况的一系列生物和非生物指标予以生态学监控的系统。

---

① 在挪威,海洋事业被分为 3 个主要行业。依据 T. 列韦和 A. 沙松(挪威商学院,奥斯陆市,2012 年)提出的定义:1. 石油天然气行业——即石油公司(经营者和权利享有者),以及经营供应石油和天然气勘探与开采必需设备或服务的企业之总合;2. 航海行业——即经营船舶及船用设备设计、建造、供应、维修、改造、占有、使用与销售和为任何类型的船舶和其他航海器具提供专业化服务的企业之总合;3. 渔业行业——即鱼类捕捞业、鱼类养殖业(即水产养殖业)、鱼类和海产品加工与出口领域的公司及经营供应相应设备与服务的企业之总合。

　　2015 年,联合国诸成员国通过了一项 2030 年前可持续发展领域议程。该议程中明确定义了 17 项应当举全人类之力以求达成的目标。特别是,一些全球性的问题,被列入这些受到明确定义的目标之列,例如:消除贫困与饥饿、提供廉价与清洁的能源、提供负责任的消费与生产等。作为由联合国通过的这一议程的第 14 项目标——**为了可持续发展而保护和合理利用诸大洋、海洋和海洋资源**,其必要性亦受到关注。

　　如此一来,诸大洋和海洋在经济发展全球化过程中所发挥的作用,将会提升。这便要求对环境管理的手段、对海洋事业规划与协调的手段予以完善。与此同时,所有时下已经受到研究的管理模式和手段,均被定向用之于国家一级层面或地区一级层面上。因为它们只可被用于隶属某一具体国家司法管辖之下的海域。如此一来,依据联合国海洋法公约之规定,这一管理对象(即领海水域)于此种情形之下,并未跨越专属经济区的界线(即不超过 200 海里),或者尚未跨越大陆架的远端边界,即最远不超过距海岸线 350 海里。从海洋规模的角度来看,这是一个相当“狭小的”、与大陆衔接且与公海无涉的条状地带。与此同时,显然,在约占全球海洋总面积 60% 的公海上所发生的一些过程,同样地,即需要对海洋空间本身的利用规则,亦需要对其他一些种类的海洋资源利用规则予以调节与协同。因此,近来,“海洋共管”(Ocean Governance)模式正在活跃发展着。这一海洋共管模式,是建立在合作基础之上的调节公海内诸过程之综合方法的一个分支。这一模式所要求的先决条件是:要采纳在与海洋自然资源利用者协商基础上形成的决策,要吸引这些利用者们直接参与海事活动的规划,要对一些指导性文献予以鉴定。不向所有利益相关者提供内容广泛的、关涉全球海洋现状与问题的信息,就不可能确保海洋自然资源利用者投入相应的参与。海洋共管模式的实施,首先要求构建海洋利用者诸联合体组织形态,这一组织形态的样式,便是各种各样的执行一定协调职能的国际性机构。此类国际性组织的成员,其职责应当包括积极参与以公海“利益”和使命为出发点的海岸带和海洋管理规划的研制、执行和实施效益的监测。在海洋共管模式实施框架内,管理过程的所有参与者,应当就特别义务、责任和为实施行动政策应付贡献的分担,达成一致的意见(协议)。此类建立在自愿参与和合作基础之上的方法的运用,与规划相结合,亦可以被视作为共管。海洋共管在局部性的、地区性的、国家一级层面,以及国际层面上,均可付诸实施。在此种情形之下,甚至在海岸带综合管理方法中,海洋共管模式中的一个关键性的条件便是:无论在垂直层面(即在不同管理级次间)还是在水平层面,均要使一体化过程得到发展。

应该对"共管"(co-managment)这个术语本身予以一些关注。一般性的管理学理论的依据是:任何一种管理系统,均应当包含两个极为重要的构成要件——管理客体和管理主体。在构建海洋公海区域管理系统时,管理的可行性是十分有限的。尽管管理的客体(公海海域)似乎是存在的,然而,认定管理主体,也就是认定谁有权施加管理影响,却是完全有条件制约着的,因为任何国家均不能提出对公海海域拥有特别的权利。因此,在这种情形之下,不要如此这般地谈论管理,而是要讨论管理过程的共同参与,这才是较为正确的。利用海洋共管模式的一个鲜明实例,便是那份具有奠基性质的文献的获得通过——这就是协调海洋空间法律秩序的《联合国海洋法公约》。《联合国海洋法公约》定义了公海这一概念,统一了领海边界的标定,确立了专属经济区的概念与使用原则,解决了其他一系列有争议的问题。为了顺利实施《海洋法公约》,一些管理机制得到采用,以便借助法律手段解决一些正在发生着的争议问题。例如,一些具体国家的大陆架边界位置;公海海底用于开采铁-锰结核矿及其他矿产的地段的划定,等等。

促进海洋共管思想发展的另一个重要方面,是国际海事组织(IMO)开展的活动。由于这一组织的努力,一系列关涉全球诸大洋保护的公约获得通过。诸如,《预防船舶污染国际公约》(The International Convention for the Prevention of Pollution from Ships,简称 MARPOL 73/78)、《伦敦倾废公约》,即《防止倾倒废弃物和其他物质污染海洋的公约》(The Convention on the Prevention of Marine Pollution by Dumping of Wastes and Other Matter,1972)、关涉石油污染的公约和一系列备忘录。在国际海事组织活动中居于重要位置的,是那些关系到保护人类生命、救助水患难民的问题,例如《海上人身安全国际公约(1974年)》(简称 SOLAS 74)、《国际海事搜救公约》(简称 SAR - 79)。所有上述引作实例的这些公约,均具有框架性质,并持续得到补充与更新。例如,《国际航空与海事搜救指南》，每三年再版一次。最新版本则相应为 2016 年版。利用海洋共管模式的一些意向，亦在渔业捕捞行业中得到发展。世界大洋的整个海域，被划分为若干渔业作业区。在每一渔业作业区内，均存在着一个由在该水域经营渔业的各国渔业行业代表（领导者、专家、学者）组成的理事会。此类理事会所从事的活动，其任务中包括：对各类渔业捕捞物的许可捕捞量进行一年一度的评估，并在参与捕捞的各方之间进行捕捞份额的分配。为一激励各国保护海洋生物资源，各国分配到的捕捞份额，其数量的大小，取决于各国付出的补偿性费用支出的数额，即划拨用于渔业水生生物人工再生产的资金量。

因此，海洋共管，应当被视作举政府、地区和地方诸共同体之力，举工业、商业、非政府组织及其他一些利益相关方之力，对世界海洋开发活动实施民主管理的一种方案。这一共管方案被设定的目标是：协调所有行为主体的利益和立场，和在所有层面上协调核准通过那些为使各个国家的公民社会目标和整个世界的目标均得以达成的决策。

一体化方法的推行，应当以海岸带可持续发展的世界经验为依据。但是，在这种情形之下，亦应当顾及国情的特殊性、国家海洋政策的具体目标、现行法律法规基准，等等。区域定位原则和对国家特殊性予以关注的可行性，将在第 6 章中以俄罗斯海岸带综合管理方法的推行为例，予以研究。应当归入俄罗斯联邦海岸带特殊性之列的是：在俄罗斯沿海地区不同区域的开发水平方面，存在着一些重大的差异，这便决定了管理目标具有宽广的范围；而这些管理目标的设定，则是建立在对经过很好验证的海岸带综合管理方法加以运用的基础之上。一些开发薄弱的滨海区域，例如俄罗斯联邦的北极地带，其可持续发展的前景，完全取决于海事活动潜能的利用效率。因此，海岸带综合管理的推行，在作为国家海洋政策的一个组成部分的同时，亦被定义为是一项开发管理创新举措的任务。此类创举的宗旨，不仅是要对滨海地区予以优化，还有对滨海新区的开发。并且，鉴于那些将在国家海洋政策框架内得到解决的课题所具有的规模，故，发生于海上和陆上的诸交互作用过程，其区域亦势必会将巨大的海上空间和沿岸空间囊括在内。因此，"海岸带"的边界，便应当在顾及现有管理能力的同时，被最大限度地予以扩大。

通过对海洋自然资源利用一体化管理方法发展史与前景的分析总结，可以得出如下一些结论。这些结论使得可以接下来、在兼顾各种不同的管理子系统互动作用的综合方法语境下，对一些具体的管理手段予以研究。

国家海洋经济总体的创新式发展，要求在推行一体化方法的基础之上对管理系统予以完善。这些一体化方法，预先规定了要对海事活动采取整体对待的态度，预先规定了滨海地区和沿岸水域发展的综合性，预先规定了要积极吸纳所有海事活动主体、沿岸地区利益相关组织和居民参与管理过程。一体化方法的推行，应当建立在海岸带可持续发展的全球性经验的基础之上，但同时，亦应兼顾到国情特色。

一体化方法的发展，乃是一个连续不断的过程。该过程会引发一些相互关联的管理子系统的形成。而这些管理子系统，则是建立在对某些管理模式加以利用的基础之上。每一种管理模式，均被定向用来解决一些具体的功能性课题。对海洋事业和海岸带所实施的管理，其整个系统的整体性，是由构建诸管理模式的那些共同原则所决定的。诸一体化方法发展所具有的共同的连续性，可用经历4个主要阶段的形式予以呈现（见图1）。各种管理模式的设计，因其新兴性质，故应当在分析和综合的原则基础上进行。对这一原则的利用，其前提条件便是：要经常地将一个综合性的管理系统分解为一些独立的模式；在一个独立模式框架内对一些具体的方法和程序予以完善；再一次将所有独立的模式合并成一个统一系统并对整个系统再次进行分析，目的是对协同效应是否达到进行评估。应当提醒注意，综合化管理并不会取代对一些某些类型的海洋事业的行业化管理。综合管理的目的是——借助对利益各方的协调和对海洋事业发展最佳解决方案的求索而获得协同效应。很明显，这种理想的设计方法，要求接受对海洋事业和海岸带推行一体化管理方法这一共同的理念。在实际中，在各行业都在独自游说各自利益、关注的只是时下政治形势行情的环境下，管理系统的完善过程常常是自发式的，这便会降低那些正在采取的措施的效果。

实践中，因一些具体的条件、法律基础的完备程度、国家海洋政策等等原因，综合管理诸不同子系统的实施，可以同时进行，或者甚至可以"反序"式地进行。图1中所示，是海洋事业一体化管理方法的"理想化的"推行路线图。在第一阶

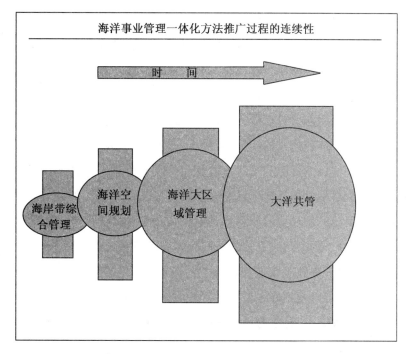

图1　实施海洋事业和海岸带管理一体化方法和执行具体
管理功能的诸子系统原理示意图

段中,奠定了海岸带综合管理方法论的基础。这一方法论旨在将诸沿海地区和沿岸水域合并为一个统一的规划对象,这便使得可以将海洋事业的发展与岸上永久性设施的发展结为一体。海岸带综合管理模式在俄罗斯的实际实施,其可行的路径之一便是:研制俄罗斯沿海地区诸联邦主体社会—经济发展战略中独立的海洋战略部分。在这一研制过程中,地区性海洋经济综合体发展的目标与任务,便会得到清晰明确的定义;与诸项区域性规划方案相配合的海洋事业发展程序与预测,便会得到研制。

在第二阶段中,海岸带综合管理模式的实施,可以被用来作为进行海洋空间规划的外部的(边界性的)条件。在海洋空间规划模式实施过程中,诸如对海域某些区域自然价值的评估、进行生态战略评估,以及其他一些关涉海域合理利用等问题,均可以得到解决。海洋空间规划模式的实施,使得能够优化海洋事业发展的程序与预测,不仅兼顾到海岸条件,亦顾及海域合理利用的可行性。随后,那些在使岸上条件与海上条件相匹配方面所取得的成果的总合，便可以成为海岸带综合发展规划形成的基础。这一规划应当成为俄罗斯诸沿海地区联邦主体社会—经济发展战略之海洋战略组元实际实施的工具。

综合方法发展的下一个阶段，是海洋大区域管理模式的实施。它可被称之为海洋自然资源利用综合管理模式。这一模式可以大型水体(或其一部)管理方案的形式来实施。该种模式的实施，有赖于海岸带综合发展规划实施措施的计划。为了保障海洋自然资源利用综合管理模式实施的效益与透明度，管理方案应当囊括一整套目标性指标、实施综合监管的提案、生态损失的评估方法、为决定着海洋自然资源利用环境的原料和其他一些规范性材料所支付的费用。

最后，对隶属于国家司法管辖的一些具体的大型海区实施管理，其方案的研制，使得可以通过一些共管机制，提升世界海洋合理利用与保护的国际合作效益。其中，还涵括可以就相邻大型海区管理方案的履行措施予以国际协调的种种前景。此类管理方案，是在跨境合作框架内得到履行的，且是基于被称之为大海洋生态系统的理念。

在那些将会决定着海洋和沿岸活动管理一体化方法未来发展的主要趋势之中，应当予以关注的是：

◇ 海洋和沿岸经济活动对沿海国家经济所做贡献将会提高；

◇ 国家海洋政策和海洋与沿岸经济活动管理系统会得到完善；

◇ 管理边界会向公海扩展；

◇ 海洋资源管理和世界海洋保护领域内的国际合作会得到发展，其中包括借助一些共管机制；

◇ 生态学方法会得到发展，其中包括基于大海洋生态系统理念的发展；

◇ 自适应性的(柔性的)管理将得到推行，其中包括在海洋大型水域管理方案实施过程中的推行。

最后，还应再一次指出，缺乏对推行一体化管理方法的最终目的的精准理解、忽视诸管理模式所具有的连续相继性和级次的存在，会导致海洋事业领域综合方法的发展具有自发的性质。系统最终会借助测试和勘误方法调整到必要的管理规范上来，然而，要达到这一点，其代价便是无效益的费用支出和海洋事业创新发展的迟滞。接下来,在阐述海岸带策略的基本概念、原理和方法时,我们将注意力集中在一体化管理方法推行的初始诸阶段,即海岸带综合管理方法的诸种模式和海洋空间规划的诸种模式。它们在方法论方面,构建出进一步研究一体化管理方法的基础。

1

第 1 章

海岸带综合管理
方法论原理

1.1　海岸带综合管理的规模与跨学科性质

在海岸带可持续发展的道路上,存在着一系列必须予以解决的问题。此类问题,可以**依据其有待解决的迫切性程度**做如下分类:

◇ 关涉整个地球居民利益的全球性问题;

◇ 制约着某些地区发展环境的区域性问题;

◇ 制约着具体城市、村镇、自治单位发展环境的局部性问题。

这种分类的意义在于:尽管一些全球性的过程,其后果会在海岸带的任何一个具体部位自然显现出来,但是,为了解决这些全球性的问题,则必须要动用大量的资源和吸引整个地球的居民参与到解决此类问题的过程中来。区域性问题,通常是具体区域居民所特别感兴趣的,并可能会因为某些具体地区的缘故而得到解决。此类具体区域,按照行政原则,可分为联邦、州、省等诸类主体;或者按照地理原则,可分为地中海沿岸诸国家、波罗的海沿岸诸国家,等等。一些相邻区域内诸过程之间的相互关联,可以通过确定跨境转移的存在与特征的跨境规则来解决。相应地,局部问题,则是指海岸地带一些具体的、面积狭小地段的问题。此类问题通常是在地方管理(即自治单位、村镇委员会)层面上得到解决。

可以归入全球性问题的,举例如下:

◇ 正在增长着的地球人口及其正在加剧着的在海岸带范围内聚集的趋势。据联合国教科文组织预测:有近三分之二的地球人口,将会在海岸带沿纵深延展 60 千米的带状区域居住(见专栏 1.1);

◇ 海岸带资源合理利用或管理的必要性。资源有不可再生和可再生之分。在第一种情形之下,人们通常谈及的是其合理利用;而在第二种情形之下,谈及的则是有关资源的管理问题;

◇ 可供选择的几种能源(潮汐、热电站、风、海浪等)的利用。就这类能源而言,海岸带所具有的条件,系最有利用前景的;

◇ 全球气候变暖和因全球平均气温提高而使全球海洋平均海平面升高的问题。

可以归入区域性问题的,举例如下:

◇ 海岸带发展进程中以及在一系列海事活动的意外事件中,海洋资源的各
　　类利用者之间发生冲突关系的可能性;

◇ 海滨浴场和其他一些类型的海岸地带的侵蚀;

◇ 在经济发展与生态状况维护之间寻找平衡的必要性;例如,借助设立保
　　护区的办法来维护生物和景观的多样性;

◇ 对自然或非自然性质的自发性灾害后果的预防。

可以归入局部性问题的,举例如下:

◇ 污水利用问题;

◇ 沿岸城市的城区发展问题(即都市化问题);

◇ 区域重建问题。

如此说来,那些被预先规定用于管理发生在海岸带境内规模各异过程的系
统,其本身,势必亦是具有**各自不同的规模**。

专栏 1.1

地球人口与海岸带

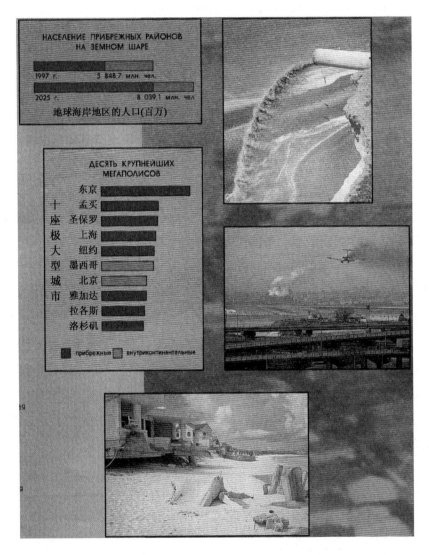

资料来源:《陆地、海洋与人类:追求稳定的平衡》,联合国海岸带和小型岛屿环境保护与发展部宣传手册(俄文版)。

除了规模不同之外，上述诸问题还可以被有条件地判定属于一定的学科知识领域。将科学分解为不同的学科，是全世界通行的做法。海岸带综合管理最为重要的原则之一，便是将海岸带视作一个统一的自然、经济和社会系统。因此，海岸带综合管理的方法论，是建立在把所有过程均置于其相互关联中加以研究的跨学科方法基础之上的。是故，海岸带管理领域的专家，严格说来，应当不仅对各类过程拥有学科水准的足够的学识，亦应当具有在统一方法论，即海岸带综合管理方法论框架内对多种学科知识予以综合的能力。

据此而论，除了因问题的规模不同而导致海岸带综合管理系统存在规模差异之外，海岸带综合管理的另一个极为重要的特征便是：在管理决策的制定与采纳时，必然会令综合性的（即跨学科的）方法得以发扬光大。

与此同时，因顾及一些占主导地位的因果关系，故可以有条件地将海岸带主要问题区分为：自然保护类问题（或如在俄罗斯通常不完全正确地将其称之为生态类问题）、自然类问题、社会类问题和经济类问题。显然，这种将问题划归为自然科学类学科、社会学类学科或经济学类学科的分类方法，甚为相对。任何一种自然灾害（风暴潮、海啸等），其产生的原因，都是一定的自然现象，均可能造成有一定影响的经济后果（表现为经济损失）或社会后果（表现为精神损害、居所受损、生活环境恶化等）。然而，此类自然灾害的原因，依然只是一些自然现象，因此，这类问题的解决，必须起始于对这类现象本身的研究。而后，在此基础之上，才需去尝试减少可能发生的负面性的经济后果或社会后果。

依本书作者所见，就对不同规模问题的处置而论，单独一门学科的贡献，其优先等级亦存在着某些差异，如表 1.1 所示：

表 1.1　问题规模与不同学科优先等级在海岸带综合管理系统中的相互关系

	优先等级	1	2	3	4
问题规模	全球性的	环保的	自然的	社会的	经济的
	区域性的	经济的	社会的	自然的	环保的
	局部性的	社会的	环保的	经济的	自然的

可见,随着海岸带问题规模的降低,自然类学科部分的优先等级也在降低,而与该问题相关的诸过程的社会意义,则在提高。在再一次强调跨学科方法在海岸带综合管理系统中的必要性的同时,亦应当指出,在这一情形之下,被解决问题的优先等级,取决于管理级次所具有的能力。的确,由市政一级管理的海岸带综合管理系统,其有限的能力,使得不能指望它会对全球性的趋势过程形成实际影响。市政一级海岸带综合管理在这一问题的解决过程中所承担的任务,确切地说,便是去组织一些旨在减少气候变化所致负面影响的行动、采取一些提高公众安全性和建筑物牢固性等等的具体措施。管理级次与问题的规模和优先等级之间的相互关联性,可以成为构建海岸带综合管理纵向结构的依据。

1.2　海岸带边界的定义——划界问题

现如今,有关应当对"海岸带"这一术语作何理解的定义,其数量相当庞大。迄今为止,与应当如何确定海岸带边界位置相关的种种争执,一直处在周期性地时起时伏状态中。这可以用如下一些原因来解释:

◇ 发生在海岸带区域内的种种受到研究的过程的复杂性;

◇ 海岸带具体区域及管理目标的特点;

◇ 看待海岸带定义的角度各异(如科研者的角度、管理者的角度,等等);

◇ 国际间一些术语精确转译的复杂性(例如,英语术语"coast"通行简单译作"海岸"或"沿岸地区",与海岸带综合管理方法论并不完全相对应)。

特别是顾及近来情势,在本教程中,接下来,在使用俄语术语的同时,在某些情况下亦将会使用此类术语的英语说法,这类英语说法,依作者之见,乃是俄语术语的同义语。既然在海岸带综合管理方法学领域内,俄语术语尚未获得公认,因此,如此处置,便使得可以避免另生误解;除此之外,亦可令读者于日后独立研究问题时,能够易于利用各种外文文献资料。

与此同时,在解决海岸带划界问题的范畴内,已为世人所公认的是,海岸带:

◇ 包括陆地部分和与其相邻的海域部分;

◇ 拥有一条由陆地与海洋交互作用的程度所决定的、并将海岸带从陆地和海洋主体水域两侧均予以分隔开来的边界；

◇ 在其宽度、深度与高度方面,系非均一的。

在海岸带综合管理语境中,其管理的标的,因管理规模不同而可能是:海岸地带(Coastal Zone)和沿海区域(Coastal Area)。让我们首先对国际术语予以研究,这本身是有益处的。而后,我们将尝试找出俄语的同义语。专栏1.2中所示,为原文引自联合国环境规划署的《海岸和海洋区域综合管理指南》(见引用文献目录-21)并与其在海岸带综合管理方法学中的使用相关的一些定义。

专栏 1.2

依据联合国环境规划署指南做出的海岸带诸项定义

海岸带(Coastal zone)——系指因其邻近海洋而受到影响的那方陆地和因其邻近陆地而受到影响的那片海洋。海岸带包括:**海岸带水域(包括潮间带水域)、海岸线、近岸地带(包括滨海地带)、海岸高地(或向陆地带)**。

海岸带水域(*Coastal water*),系指近岸海域的狭长地带,其宽度各国不一(美国大约为3英里)。

潮间带水域(*Intertidal water*),系指最低潮汐水位与海岸线之间的区域,其中包括河口与湿地(即潮汐陆向影响的范围)。

海岸线(*Coastal line*),系指界分陆地与水体的那条接触线,它通常与标示潮汐陆向影响范围的界线相吻合。

海滨地带(*Oceanfront area*,或称海岸地带—*shoreland area*),系指陆地至潮汐影响最高线位的区域。这是一个相对狭长的地带,其内侧边界通常抵达沿岸公路或围绕着为通往海岸、保护敏感栖息地等所预留的公用通道区域。此狭长地带的宽度,很少超过1 000米。

海岸高地(*Coastal upland*,或称向陆地带—*Landward*),系海岸与(最常见的是)最近山地范围内最高峰之间的内陆区域。有时,这一地带的纵深是有限的(在美国为5英里)。

海岸地区(Coastal area),系一地理上宽于海岸带、其边界需要不甚严格界定的区域标注。这一标注指明，这是一个国家或近乎一个国家对下述事实的认定：即在海洋与陆地领土之间，存在着一个明显的过渡性自然环境。这一标注，对海岸地综合管理极为重要，因为，许多过程，无论其是环境科学的、人口学的、经济或社会的，实际上均发生于海岸地区范围之内，且有着大多可见于海岸带区域内的极端表现。

　　该海岸地区包括：**近海海域**、**海岸带**和**内陆**。

　　所谓近海海域（*Ocean waters*），系指海岸地带最大的那部分区域，远距海岸达 200 海里（即所谓专属经济区）。

　　所谓内陆（*Inland*），系指海岸高地以外地区，是影响海岸带状态的众多过程的起因之地。

　　海岸带一体化管理（**Integrared Coastal Management**），系指在自然、社会和经济条件限定下，在法律、金融、行政体系和制度的约束下，为实现海岸地区环境可持续发展目标和目的所实施的运作。

　　资料来源：《海岸与海洋区域综合管理指南》，载于《联合国环境规划署区域性海洋报告与研究》，第 161 号，联合国环境规划署，1995 年。

　　故而，海岸带综合管理的管理对象，便可定义为：

　　海岸带——系一个囊括处在有影响和直接交互关系中的陆地之一部和海洋之一部的区域。海岸带包括：沿岸水域、海岸线、陆地的沿海区域和陆地的沿岸区域。

　　海岸地区——系在地理学方面较之海岸带更为宽泛的概念。它将海区（即专属经济区范围内的海区）、海岸带和沿岸地区均囊括在内。

　　已援引的这些海岸带定义，是将某一海岸—沿岸区域作为一个潜在的管理目标来表述的，并且具有近乎方法论的、科学定位的取向。从实际观点而论，重要的则是，应使海岸带定义由科学概念转化为法学概念。海岸带所具有的独特的法律地位，决定着在特定的沿海空间范围内采用管理日常事务、经济、环境保护及其他活动的特别机制的可行性，这便是创建海岸带综合管理系统的实质所在。为此，则必须应使海岸带的陆岸边界和海域边界严格确定下来。海岸带划界问题，系构建海岸带综合管理系统过程中一个具有原则性意义的重大问题，因为对边界做出法律上明确的界定,便会排除对采取相应的规范基准的必要性做出双重解释的可能。而这一规范基准,乃系在实施海岸带综合管理过程中运用一整套法律机制的依据(有关诸法律机制问题,将于第3章中详述)。此外,这一问题的解决,亦会使那些对其他一些在划界过程中被确定下来的规模相当的沿海区段而言已是成熟的有益经验、方式与方法,可以得到利用。海岸带边界的确定,可有四种基本方法:

◇ 固定距离的标定;

◇ 各种可变距离的运用;

◇ 兼顾海岸带使用者的边界标定;

◇ 各种原则的同时运用(混合边界)。

作为运用测定距离标定海岸带边界的样例,图1.1中所示,系斯里兰卡依据《斯里兰卡海岸保护法》(*Sri Lankan Coast Conservation Act*,1996年)所采用的海岸带标定示意图。表1.2所示,则系描述不同国家海岸带的海界和陆界距离的一些数据。

图1.1　斯里兰卡采用的海岸带边界的标定(据引用文献目录-31)

表 1.2　各国依据其海岸带与水位线不同位置距离的
测定而设定的海岸带海界和陆界

国家	岸界距离	海界距离
澳大利亚	距平均海水水位 1 千米	距水线 2 海里
巴西	距满潮平均水位 2 千米	距满潮平均水位 12 千米
哥斯达黎加	距满潮平均水位 200 米	即为小潮平均水位
中国	距满潮平均水位 10 千米	即为等深线 15 米（即深度）
西班牙	距风暴潮或涨潮最高水位 500 米	即为 12 海里（即领海边界）
斯里兰卡	距满潮平均水位 300 米	距小潮平均水位 2 千米

　　在运用可变距离标定海岸带边界时,岸界和海界的标定,取决于海岸带所具有的形态学、生物学或行政管理特征。在此种情形下,与在运用第一种标定方法时一样,诸项距离均是依据一定的潮汐水位标高来标定(例如,依据满潮或小潮的平均水位来标定);但是,可能在不同的海岸地段会有所不同。例如,作为运用形态特征来标定的边界,是可以利用一些天然边界的:沙丘延展或陆架地带所形成的边界、各种生物带所形成的边界,即海岸植物带的延展所形成的边界或珊瑚礁延展所形成的外围边界。应当指出,在海岸带综合管理系统的实际实施中,一些具体的海岸带边界,大多数情况下不仅取决于被研讨问题的时空规模,亦是由诸管理层(联邦一级、地区一级和地方一级的管理部门)所决定的。可以被用作具有行政管理特征的边界的,便是行政区划的边界,例如,一些联邦主体的、市级属地的边界,等等。最后一种方法是很重要的,故接下来将会对该问题予以关注,因为,切实行之有效的海岸带综合管理系统的构建,是与相应级别的管理机构所具有的行动力相关联的。

　　兼顾到海岸带利用者利益、或依据不同利用者的利用物位置而对海岸带边界做出标定,这对构建海岸带综合管理系统而言,则系另一种可能。例如,在一些大型城市,海岸边界可能会与一些企业用地的边界、港口和仓储用地及其他一些位于海岸线附近的工业工程项目的边界相吻合。此种标定海岸带边界的所谓"海岸用户法"的另一样例,则是被称之为"流域法"的方法。确实,如果减少海域污染的课题,是海岸带某一区段的根本性问题,而这一污染通常又与河流污染物质排放相关,如此一来,若是不使海岸带综合管理的作用范围延展至整个流域并将海岸带边界与集水区边界统合一致,这一问题的解决便是很艰难的。在此种情形之下,十分明显:如此标定海岸带边界时,可能会产生许多复杂问题。与这些复杂问题相关联的是:一些意义重大的地域将要被纳入管理区域;由此产生的结果,便是必须大大扩展国际间的合作;跨境物流问题亦会变得尖锐化,等等。例如,汇入波罗的海的诸河流,其集水区域的面积,共计超过 170 余万平方千米,为波罗的海本身面积的 4 倍多(见引用文献目录-22)。汇入波罗的海的诸河流,其集水区域所覆盖的疆域,不仅处在 9 个波罗的海沿岸国家的司法管辖之下,亦属于欧洲其他一系列国家的司法管辖范围。

标定海岸带边界的混合方法,则意味着:可以被用作划界依据的,不只是一个原则,而是根据海岸带综合管理系统的若干具体目标、任务、规模等等而采纳的数个原则。混合方法即为:岸界可依据上述诸原则之一来标定,海界则可依据另一原则来标定。并且,显然应当承认,甚至只有岸界可以依据各种不同的考量来标定,例如,在大型城市及其城郊区域内划定岸界的时候。

考虑到海岸带边界标定过程中存在着宽泛的可能,故应当再次强调指出:对构建海岸带综合管理系统而言,依照法律程序终结划界过程,并以形成若干具有法律效力的文献资料的方式(即法律条文、地图、区划示意图等诸如此类)将海岸带边界通过立法固定下来,无论其划界原则如何——这是极其重要的。不过,那些被作为海岸带边界标定依据的原则,是有可能会对海岸带综合管理行动的效应构成实质性影响的。

为了举例说明划界问题解决过程中存在的状况,可以利用比莲娜·西辛-赛恩对海岸带综合管理领域专家进行国际问卷调查时获取的那些有趣数据(见引用文献目录-15)。表 1.3 中所示,系 48 个国家的专家们对问卷调查表中关涉海岸带划界这一问题所做的回答。

表 1.3　48 个国家海岸带岸界和海界划界原则与位置(这些国家

的代表人士接受了《1966 年的跨国调查》)

(依据比莲娜·西辛-赛恩和罗伯特·尼克斯特提供)

岸界位置	国家数量 (48 个国家 中共计有)	海界位置	国家数量 (48 个国家 中共计有)
100 米以内	2	以小潮或满潮平均水位为界	1
100—500 米	3	依据涨潮水位自由确定位界	8
500—1 000 米	2	以 3 海里领海水域为界	3
1 000—10 000 米	4	以 12 海里领海水域为界	10
与地方行政区划吻合	2	以大陆架边界为界	1
顾及分水岭的岸界	4	以国家司法管辖边界为界,或以 200 海里专属经济区或渔业捕捞 区为界	4
顾及海岸带利用者利益 的岸界	18	顾及海岸带利用者利益的边界	11
暂未确定	10	暂未确定	7
不明	3	不明	3

依据此表而得出的结论是:其一,不同国家的海岸带的宽度,其变化的范围会是很大的(从数百米至数百海里);其二,很难揭示出最为常见的标定海岸带边界位置的原则。

1.3　行动策略及其在海岸带综合管理系统中的作用

海岸带管理,有别于通常所见的管理行为;它所具有的内涵广泛的概念,是建立在要对与海岸带发生关联的所有人员和所有事物予以管理的基础之上。而海岸地带,则被视作某种复杂的、多组分的但却统一的系统。那么,一般说来,是什么使海岸带综合管理的实践有别于其他管理形式呢?

这一管理,被定位于是对一定的地理区域,即对拥有已被测定并已被标定出边界的海岸带实施管理。在该海岸带边界范围内，一种既定的行动策略会得到执行。海岸带边界，诚如已经指出的那样，可能是凭据各种不同的法律文件、区域发展计划而标定的。推动海岸带综合管理系统的发展，其宗旨不是为了将濒临海岸带的一些新区域纳入海岸带或对其予以开发，而是为了使那些旨在令已经被我们确定为"海岸带"的具体管理目标的环境得到优化的管理创举发扬光大。这便使得海岸带综合管理有别于国家级的其他一些行业性规划，例如渔业管理、教育和卫生管理，以及亦包括在海岸带岸区范围内施行的类似的一些管理。

海岸带通常拥有一系列的特点，而最为显著和最为重要的一个特点便是：发生于陆地和海洋上的诸类过程，均具有动态的交互作用。在解决海岸带综合管理诸项课题时，必须对所有这些过程予以协同一致的研判；而这一协同一致的研判，则可以通过在综合性、一体化方法框架内对海岸带综合管理予以研发的途径而得到保障。

稳定的均势（平衡）的观念，正在被可持续发展的观念所取代。这后一种观念，亦包含着寻求平衡的成分，但却是更为普遍的平衡；且正在被作为一个和谐化课题——从确保海岸带总体可持续发展的角度出发，寻求该区域内自然—社会—经济系统中所有组元的最佳组配——而受到世人的认真对待。一些物流管理方法在管理系统中的运用，使得可以判明整个海岸带所面临的共性的优先处置事项和在统一的行动策略框架内明确整个系统所面对的共同目标与任务。此类目标与任务的达成，亦将是海岸带综合管理的使命。

诚如已经指出的那样，海岸带综合管理与行业化的沿海地区发展管理方法之间的差异所在是：行业化管理是借由仅需完成本行业（或本产业部门）发展战略计划的办法来实现的；而海岸带综合管理的方法，则要求制定一个对海岸带所有行业（或所有利用者）而言均为统一的行动方法和规划。在此种情形之下，公众和社会在决策的制定与采纳过程中所发挥的作用，便会不尽相同。在行业规划之下，对行业（或产业部门）而言，公众和社会乃是其外部环境。行业性的战略规划的使命，便是要顾及公众的社会—经济环境及其潜在的诸多变化，并将它们作为影响市场发育的外部环境参数予以仔细研究。而依据海岸带综合管理方法论的观点,海岸带的公众,则系发生于海岸地带的诸类过程的参与者之一。因此,这里的公众应当被吸纳到制定行动策略的程序之中,亦即应当成为制定和采纳与海岸带发展相关决策这一持续不断过程的参与者。海岸带综合管理的最为重要的任务之一,便是构建一个经过科学论证的法律基础和一个能确保社会秉持走持续发展之路的动机与愿望的道义原则系统。

如此说来,海岸带综合管理可以被定义为:致力于海岸带发展的生态管理、经济管理和社会管理诸多正在发展中的、适宜采用的系统之聚合。

与所有管理系统一样,人,乃是海岸带综合管理系统中的管理客体。对海岸带实施管理,并非意味着要对发生于自然界的诸类过程施加影响,而是要对人类活动予以组织,从而使其与自然界和谐相处。一些生态学原则在这里乃是评价此类活动的准则。

海岸带综合管理的实践,是基于对通用的管理方法的运用和对一些基本的、一般性功能的履行。这些功能乃是任何一种管理的实质。诸如计划、组织、激励、监督和协作等等,便属此类管理。它们因海岸带管理目标的特点不同而有着各自不同的特征。现在我们就来仔细研究一下海岸带综合管理系统中主要的、一般性管理功能的实施特点(参见引用文献目录-7)。

在被运用于管理的各类规划之中,对海岸带综合管理而论,最为重要的是**战略规划**。制定战略规划系统,是任何一种战略性管理的必然要求;而海岸带综合管理战略规划系统的完整性,则应当由此前已经提及的跨学科方法的发展提供保障。应当努力获取可靠且充分的保障性信息,其中包括借助组织经过科学论证的实地考察,甚至是实施一些科学研究(亦包括一些基础性研究)的方法来获取这些信息。这最后一种情形,就海岸带综合管理方法而论,是具有原则性意义的,因为,对自然过程造成的影响予以"规划"的任务,正转化为进行预测的课题;而对于这一课题的解决,其中亦要求借助基础科学的发展。例如,减少因全球气候变暖而使海平面提升所造成的负面影响的战略,在其制定过程中,便应当顾及对温室效应所进行的一些基础性研究所取得的成果;应当对通过建立数学模型的方法而获取的各种样式的经济活动条件下气候系统参数变化数据加以利用,等等。俄罗斯海岸带综合管理发展的方法论所具有的某种特征,依我们所见,与满足战略规划与现行管理无冲突这一要求的复杂性相关。这一要求乃是一般管理理论的典型特征。而与这一复杂局面相关的,首先是目前俄罗斯的海岸带综合管理系统,尚未拥有必不可少的法律地位、工作机构,等等。法律基础和组织化的管理机构的缺失,阻碍着在海岸带综合管理框架内运用那些对权力机构来说实系理所当然的、行政性的协调与管理机制。因此,在海岸带综合管系统的构建阶段,应当将战略规划视为一项合乎常规的举措,其中亦兼顾到对海岸带综合管理领域内现行管理予以变更的必要性和为了完善使海岸带综合管理任务得以实现的法律机制而对法律基础予以拓展的必要性。

为了使在规划阶段已确定的海岸带发展战略任务得以完成,实现综合管理的下一步骤,便是**组织功能**的执行。这一功能,在海岸带综合管理的实践活动中,会去追求两个目标:依据已经确定下来的优先处置事项(即任务)来调整海岸带的经济结构;构建海岸带综合管理系统自身的组织结构。对解决第一项任务而言,这便意味着必须研制出最佳的、兼顾到资源合理利用的海岸带社会—经济结构。或换言之,便是化解海岸带区域内处于竞争状态的各类企业或各类工业行业之间的冲突。使海岸带利用者之间的关系**和谐化**,作为海岸带综合管理的一个组成部分,可以分作两个阶段来进行。在第一阶段内,所有企业(或行业)的经营活动,均要依照诸项生态规章制度来运行。这类规章制度乃是进行评估的首要标准。在第二阶段内,最佳的经济结构,在兼顾到不同类型的经济活动的经济效益和社会意义的同时,得到研制。此时,一方面,由于第一阶段的完成,经济结构当是符合环境保护的要求;另一方面,亦当是与海岸带发展的总目标达成了最为充分的吻合。在传统的管理方法中,在后一种情形之下,通常人们所谈论的是"与某一组织的使命相吻合"(所谓"组织的使命",便是组织的目标功能,或者是该组织所追求的总目标,即该组织是为实现这一目标而设立,且其整个功能的运作均服从于这一目标)(参见引用文献目录-14)。

组织功能的另一个任务,就海岸带综合管理这一课题而言,那便是构建海岸带综合管理系统自身的运作机构。据本书引用文献目录-3中所称,海岸带综合管理系统的基本组织原则可以有四类之分,即行业组织原则、部门组织原则、市政组织原则和目标规划组织原则。**行业组织原则**,会在具有单一经济结构(即一个行业具有明显区域优势)的海岸带地段,行之有效;海岸带综合管理的**部门组织原则**,其前提条件则是要保留部门的(行业的)规划并构建用于实施协调和某些监管功能的一种上层机构;**市政组织原则**——这便是在政府现行管理机构基础之上发展海岸带综合管理系统,办法是扩展已有机构的功能或构建一些新的分支机构(如司局、委员会、小组),以使海岸带综合管理得以实施;**目标规划组织原则**,则意味着:海岸带综合管理系统诸项目标的达成,是在社会的环境保护、社会或经济发展等方面的各类目标规划框架内实现的。

　　对在海岸带综合管理系统组织方面积累起来的国际经验予以比照,无疑是值得专门深入探讨的,不过,依我们所见,就构建俄罗斯海岸带综合管理系统而言,最具发展前景的,是后两个原则(即市政组织原则和目标规划组织原则)的合理组合。

　　正如已经指出的那样,个人或各类社会群体的战略利益、他们与海岸带相关联的活动或生活,其相互之间的差异,常常会是甚为巨大的。为了使他们的行动协调一致并将其引导到完成战略规划中确定的目标与任务上来,便必须要在海岸带综合管理过程中使下述管理功能,即激励**功能**得到实现。在判定某种激励是否适用于海岸带综合管理方法的判据中,可以注意到如下一些要素:即海岸带对人们的生活和经济活动所构成的诱惑力(或称"海岸魅力")、改善居民生活质量的意愿、生态要求,以及其他一系列的动因。海岸带综合管理中的激励运作,可以借助运用极其多样的杠杆——经济的、政治的、法律的、教育、文化启蒙式的——来实现。可以作为海岸带综合管理激励机制运用范例的有:

◇ 推行兼顾到海岸带综合管理目标的投资政策;

◇ 制定关涉对环境构成影响的损失赔偿系统(即明确赔偿费用);同时亦制定对海岸带一方利用者因其他利用者行为而蒙受损失予以赔偿的系统;

◇ 在自愿基础上组建企业联合会或协会,以期协调海岸带行动策略实施方面的行动(即通过被称之为 гесэй сидо 系统——国家机关与公司或企业主签订自愿的、非形式化的协议——的方式加以协调。该类协议旨在对私有业主的随意行为予以约束);

◇ 设立环境保护领域的规范基准(即极限允许浓度、不良影响的基准安全级别等）；

◇ 培训与教育工作。旨在构建社会道德价值体系、保护海岸带的审美和文
化遗产、塑造包括对自然保护亦给予关注的"文明企业家"的形象等。

一些以经济和社会为定位的激励机制，可以为了对海岸带实施综合管理而
加以利用，这将在第 3 章中得到较为详尽的研讨。

最后，管理的第四种功能——**监督功能**，在海岸带综合管理方法论框架内是
与经过科学论证的海岸带综合监控（首先是生态监控）系统的构建相关联的。因
此，应当将**生态监控**不仅作为获取海岸带生态状况数据的一种机制来予以研究，
亦应当将其作为对管理方案实施效果进行管控的一项日常监督。有关海岸带综
合监控的施行问题，将在第 3 章中得到更为详尽的研讨。可以将实施生态监控
的主要阶段，标记如下：

◇ 查明造成人为生态压力的主要因素；

◇ 选定观测方法，制定观测计划和使观测方法标准化；

◇ 数据的收集与分析；

◇ 研制推动管理决策获得通过的议案；

◇ 重复观测，以期对已采用的决策的结果予以评价并研制新的议案。

海岸带综合管理中的**协调功能**与管理学中公认的对这一功能的定义，极为
充分地吻合；因而，这一功能的实现，其目的便是确保海岸带区域内活动参与者
的行动协同一致，以期共同目标得以达成、地区性目标与全球性目标得以协调一
致。根据规模的不同，可以被视为海岸带区域内活动参与者的有：生产类行业或
独立企业、各级管理机构、居民。

在海岸带区域内，往往同时存在着国民经济各种类型的经营活动和各类行
业（或部门）。部门（或企业）内部的管理，通常是依靠实施以发展海上运输、渔业
捕捞、海上旅游等作为取向的行业（或生产）管理战略来实现的。对海岸带实施
综合性管理，不会取代行业性的（或部门性的）管理，因此，履行协调功能，乃是海
岸带综合管理体系中一个关键性的功能。

**海岸带行动策略（Coastal policy）是通过执行和协调各种不同战略来实现
的。海岸带行动策略——这便是对诸行业性战略的管理。**

依据在世界银行指导下制定的海岸带综合管理指南的作者们所见,海岸带行动策略应当被用于解决三个主要的实际任务(见引用文献目录-30):

◇ 通过教育、法律协调、干部培养来加强行业性管理;
◇ 保护和维系海岸带诸生态系统的产能和生物多样性,方法是预防生物灭绝、减少污染和禁止过度开发;
◇ 优化海岸带资源合理利用方法和开发其合理利用的潜能。

然而,应当指出:区域性环境的多样性和诸问题涉及范围的极其广泛性,使得海岸带行动策略的生成与采纳,成为更加复杂的问题。尤其重要的是,应当使被推荐的行动策略不仅要对海岸带具体区段发展目标与任务予以明确,亦应包括为实现这一策略而运用既定的一整套机制和手段的建议。

1.4　海岸带综合管理的综合性与一体化问题

依据比莲娜·西辛-赛恩所做的研究,海岸带管理,当其满足了三个必备条件时,便可以被判定为乃系一种综合性的(一体化的)管理系统。这三个必备的条件是:对问题的广泛囊括(comprehensiveness)、聚合化(aggregation)和协调一致性(consistency)。这三个必备条件,亦可被视为海岸带发展中的三个阶段(见引用文献目录-16)。

决定着海岸带综合管理具有对问题的广泛囊括性的是:存在着一系列时间尺度极其多样的预期;存在着一个已被标定出来的地理区域——在这一区域内,海岸带政策被认定为乃是海岸带发展的根本性战略;和对海岸带区域极其多样化的利用者的利益的关注。

聚合化的可能性,则是与存在着诸多可供选择的管理方法相关联。对此类管理方法的审视,不是基于海岸带的个别利用者、企业或行业的立场,而是本着某些共同的利益和较具共性的目标。因此,解决方案的制定,其依据,是某些可将各种不同利益统合起来的原则;这类原则我们将之定义为海岸带综合管理的使命。

政策的协调性,则是由各种各样相互关联的管理组元的存在所决定的。垂直性的管理组元,确保着决策在不同管理级别上的一致性,即局部解决方案应当被用于解决那些由更高管理级别的解决方案衍生出来的较为共性的课题。平行性的管理组元,则是使管理机构的政策在一个管理级别上保持一致,即对任一给定的任务而言,已经采纳的政策,便是所有被纳入该级别管理过程中来的执行机构的根本政策。

故,海岸带综合管理,就其实质而言,乃是综合性的,但在海岸带综合管理发展过程中,其综合性的水平,则可能是形形色色的。发展和深化综合方法,是海岸带综合管理系统构建过程中的根本性任务之一。在发展海岸带管理系统的一体化方法过程中,在真正的一体化达成之前,要历经几个阶段。海岸带管理一体化程度,可以被划分为表 1.4 中所示的数个级别(见引用文献目录-16)。

表 1.4　海岸带综合管理体系一体化的不同程度

(依据比莲娜·奇钦-赛恩和罗伯特·尼克斯特提供的资料)

一体化程度	典型特征
碎片化管理	存在着独立的、相互影响表现微弱的海岸带利用者;
沟通性管理	存在着海岸带诸独立利用者间不定期会晤的可能性;
协作化	海岸带诸独立利用者会采取一些协同动作,以便使其行动同步;
和谐化	海岸带诸独立利用者会采取一些协同动作,以便行动同步、遵守在更高管理级别上确定的共同目标与任务;
一体化	存在着使各类独立利用者行动同步的正式的机制;此类机制的出现,一方面是因独立性的部分丧失所致,另一方面则是因追求一些共同目标与任务的愿意而决定的。

伯布里奇等人,则将一体化逐步发展道路划分为 6 个时段。尽管深化一体化诸过程的目标依然如故(即将海岸带利用者吸引到海岸带管理过程中来),但英国纽卡斯尔大学提出的分类法,则未将一体化视作一种现象,而多半视作一种过程;同时特别强调了一体化发展诸不同阶段的承继性。依伯布里奇所见,一体化的发展,发端于人们开始表现出对海岸带管理过程的普遍关注和表露出参与开发管理创新的兴趣。他将这一初始阶段定义为海岸带利用者**利益相关群体的认同**。这一认同所追求的宗旨,乃是要使他们的利益得到保障和确保他们对各

类海岸带规划的参与。就俄罗斯环境而论,可以指出,将海岸带利用者吸纳到一体化过程中来,其重要的一个要素是,必须从一开始便要向利用者们表明其具有切实参与海岸带管理过程的可能。如若不这样,开发海岸带综合管理系统的创意,便有可能会被某些群体简单地理解为是要再次构建一个(会妨碍他们经营活动的)官僚化结构;或更为糟糕的是,也可能会将其理解为是重新审定他们的海岸带资源利用权限的行为。海岸带资源利用者对海岸带综合管理主要目标与任务所形成的这种误解,可能会导致出现消极对待海岸带综合管理观念的态度和滋生出一些分化瓦解式的事变。

共同兴趣的表露,会导致海岸带某些利用者群体之间相互关系的发展。此类群体在海岸带区域内有着共同的利益并对改善海岸带资源管理水平感兴趣,他们的经营活动受制于此。依伯布里奇所见,海岸带管理一体化发展过程中接下来的这个阶段,可以被描述为是**相互认知的发展**(*developing awareness*)。这一阶段完成的标志是:已经在海岸带综合管理方法的基准之上调整好团体利益相近的诸社团间的相互关系;由此一来,亦为将社会人士、企业家、各行业人士等广泛阶层吸纳至海岸带综合管理过程中来,奠定了基础。

对个别一些社团所具有的问题、前景和目标的相互认知予以完善,其自身亦势必会导致在海岸带利用方面有着各自不同(甚至是相互对立)利益的利用者之间展开**对话**(*dialogue*)。积极的对话的展开,则会导致在解决因行业目标不同而产生的共同问题和冲突局面过程中构建**合作化**(*cooperation*)的基础。而这一合作化的发展,其自身亦会使**协同化**(*coordination*)在研制行业战略及其执行的计划时得到优化。计划中的协同化与行动中的合作化的合理组配,这便是确保海岸带综合管理实施时具有合理的协调动作效率的真正的**一体化**(*integration*)。

我们已经依据类推方法对一体化过程在时间上的演进过程进行了研究,现在让我们依据这一方法对海岸带综合管理一体化的“空间”路径做出定义。可以对海岸带综合管理一体化过程的路径,做出如下区分(见引用文献目录-15):

　　◇ 部门间的一体化——即要求既要实现不同经济部门之间的一体化,亦要实现整个经济部门与社会部门之间的一体化。部门间的一体化,便意味

着将位于海上的和岸上的(即陆地上的)诸行业视同于一个统一的社
会—经济系统。此外,它还包括处置主管各类行业经营活动的诸政府机
构之间有针对性的问题和冲突;

◇ 政府间的一体化——即要求实现诸不同的(联邦的、区域性的、地方性
的)管理级别之间的一体化。不同级别的管理机构,在国家管理的总系
统中扮演着各自不同的角色;它们的管理行为,被指定用来解决不同规
模的具有针对性的课题。海岸带综合管理系统,要求构建某些协同机
制。这些机制,会令不同级别的管理部门在履行海岸带综合管理范围内
的任务规划时,做到行动协同一致;

◇ 空间一体化——即旨在使发生在陆地和海域的运作,均为一体化。空间
一体化,可能会因海岸带海域和陆域之间存在着管理级别的"断裂"而变
得复杂化。通常,不仅是在俄罗斯,海域归国家所有(依据俄联邦大陆架
法,海域为联邦所有制之物),而岸边地段,则可能属于各种不同的所有
制形式;

◇ 科学与管理的一体化——即意味着:首先是分属于不同知识领域的科学
的一体化(如自然科学类、海洋和海岸工程学、社会—经济科学类),以及
随之而来的是使其与管理理论和实践达成统一;

◇ 国际间的一体化——即包括将位于封闭和半封闭海洋沿岸地区不同国
家的努力联合起来,旨在协调海岸带内的诸多关系(渔业捕捞管理、污染
的跨界迁移、司法与法律协调,等等)。在国际间一体化语境下,代表不
同国家的,通常是一国之政府或其具有代表性的组织。

对海岸带综合管理中的一体化过程诸基本路径,亦存在着一些另样的表述。
例如,麦格拉申(McGlashan。见引用文献目录-24)便定义出一体化的四种路径
及其主要使命如下:

◇ 空间一体化——即对(在划界过程范围内的)边界确定问题、对此类边界
与各级行政管理区域界线协调一致问题,予以研究;

◇ 时间一体化——即对当前所做出的解决方案,应当从其未来将会产生的
影响的角度,予以研究;

◇ 垂直一体化——即所有级别的管理均要协同合作,要使地方规划与区域
规划相吻合,而区域规划本身亦要与国家级别和国际级别的管理部门所
表述的目标相符合。每一规划均扮演着不同的角色,但它们均应处于协
调一致的状态中。种种交际联系方式的构建,决定着自上而下和自下而
上双向流动信息流的存在;

◇ 平行一体化——即在共同的行动策略框架内、在采纳同一级别不同管理
机构做出的决定或其他一些各自独立的(处于某种严重隔绝状态中的)
机构做出的决定的背景之下,将各自不同的任务和操作,合而为一。

依本书作者之见,上面援引的这些有关海岸带综合管理一体化过程发展诸
阶段和路径的各异的定义,是与海岸带综合管理的基本观念相符的,且原则上说
来,是不相互悖逆的。对这些各异的见解所做的这番简述,其有益之处在于:它
将某种重要性呈现出来,因为这种重要性映射出海岸带综合管理方法论原理正
朝着强化其实际运用的可行性方向发展着。

1.5　国家管理在海岸带综合管理系统中的作用

世界银行对海岸带综合管理问题所秉持的态度,在一些文献资料中有明确
的表述。其中指出,沿海国家应当努力开发那种能最为充分地满足本国需求、能
反映出本国海岸带特色、国家体制、经济环境、民族和文化传统的海岸带综合管
理结构(见引用文献目录-30)。如此说来,海岸带综合管理的构建,乃是一项全
国性的课题,并因此而置身于首先归由国家管理的责任范畴之内。许多沿海国
家,都已建成或正在构建自己的海岸管理国家系统。海岸带综合管理系统中一
些具体的国家管理机制,将在第 3 章中予以探讨。我们现在仅侧重讨论反映国
家管理机构参与构建和运作海岸带综合管理系统的实际必要性的几个层面。

一般说来,导致海岸带区域内发生种种变革的经济发展,是由市场需求所决
定的,而国家管理于此时所发挥的作用则寓于:在运作各种各样的机制——其中
亦包括市场机制在内——的同时,应当确保那些尚未被市场需求充分激活、但从
发展的可持续性角度视之乃是必需的运作得到执行。国家管理的任务是:必须

将由社会发展的社会—人文使命衍生出来的长期目标置于短期的、一时性的经济利益之上。可以归入此类长期目标的，例如，海岸带区域内文化遗产的保护、生物和地理景观多样性的保护，以及其他一些与环境保护和环境质量相关的一系列问题。

在市场关系发展的进程中，质量全面管理（total quality management）的观念于近期得到了越来越广泛的传播。这一观念认定：消费者的需求与商家的目的，是不可分的。但是，在这一标准系统中，环境（即海岸带组元之一的质量）保护问题，依旧要求通过吸纳国家管理机构参与海岸带综合管理系统的办法来获得国家的实际支持。

决定国家管理作用的一个重要因素是：国家在科技发展领域内的政策，正是应当由国家机构去实施；正是应当由国家机构去确定科学研究的优先选题、确定预算拨款，等等，即应当由国家机构统筹编制国家规划（在俄罗斯联邦，便是统筹编制联邦专项规划）。对海岸带区域内发生的诸过程所实施的国家管理，其管理级别的高下，在许多方面取决于那些与沿海地区研究和发展相关的问题在总的国家政策中占据怎样的位置，取决于部门间方法未来实施的程度和行业规划之间未来协同一致的程度。

另一个决定着必须将国家管理机构吸纳到海岸带综合管理运作程序中来的同样重要的情节是：在海岸带综合管理语境下所采用的对海岸带的标定，诚如已经讨论过的那样，既包括其陆地部分，亦包括其海洋部分。海岸带的海洋部分，在包括俄罗斯联邦在内的大多数国家那里，归国家所有，故而隶属于国家管辖之下。因此，对海岸带的综合管理便要求：或是由国家一级的管理机构直接参与，或是由国家一级机构将之全权委托给较低一级的管理机构。

对那些与海岸带综合管理相关的种种问题，不同管理层面做出的研判，通常是各有利弊。在讨论国家管理机构在海岸带综合管理过程中所发挥的相对作用时，可能会划分出一个通常会被指派给各不同管理级别分别承担的优先任务的范围。其中，必须首先提及两个主要的管理级别：国家级的（联邦的）和局部性的（区域性的，地方性的）。

在国家级的管理层面上，通常解决的是如下诸问题：

◇ 收集诸经济部门的数据资料和进行行业(渔业捕捞、海上运输、各类工业企业,等等)评估;

◇ 优化行业行为;

◇ 提供资金;

◇ 使海岸带综合管理的局部性和地方性设计方案与相应的全球性的或国际间的海洋和沿海规划相协调。

对局部性的管理级别而言,其典型性的特征则是:

◇ 对海岸带存在的问题和需求有着详尽的了解;

◇ 对解决这类问题和需求的种种困难、制约及可行的办法,有着最佳的理解;

◇ 对与海岸带具体区段相关的数据资料与信息,拥有最为充分的掌握;

◇ 与海岸带利用者各类群体、社会组织和地方自治单位有着直接的互动关系。

　　然而,必须再次强调指出:海岸带综合管理方面的任何一种规划,其是否具有生命力,均取决于诸管理机构间能营造出何种程度的协同合作氛围,能对因此种协作而获得互利的可能性达到成何种程度的了悟。

　　总体说来,可以归入有助于促进集中管理的要素为:种种可行的发展路径所具备的较为宽广的共同前景、极大的客观性、招徕较为广泛领域专业人才的可能性、增加资金供给的可能性、较为坚毅的政策意志。可以归入能体现海岸带综合管理系统中管理权力下放意义的要素为:个人对海岸带某一区段内问题与形势的了解;将问题的等级限定在实际课题之内;与解决方案的选择有直接的利害关系;对强化解决方案实施进程感兴趣。

　　可以用垂直和平行两种组元的示意图形式来描述国家级管理系统的组织(见表1.5)。垂直组元是由管理级别决定的,而决定着同一级别结构的诸不同行业,则决定着平行组元的存在。为了图解之便,表1.5中所示,为一幅有三个级别的国家级管理(联邦级的、区域级的和地方一级)的示意图。该示意图描述的是一个假定的管理分支机构的架构。这些分支机构在其活动范围内的不同方位上实施各自具体的管理功能。这种多级次的国家管理结构,原则说来,对大多数人口众多的国家而言，是具有典型意义的。正如依据图表可以显见的那样，诸管理级别间的联系，不总是可能具有清晰显现的线性关联的性质。在此种情形之下，讨论有着各自垂直结构的诸政府部门的活动范围，才是最为适宜的。

表 1.5　假定的国家管理系统样式

管理级次 ↑（垂直组元）↓	依据具体功能对管理做出的分解 （平行组元）←——→			
联邦级 （国家级）	海洋运输	自然资源	经济发展	环境保护
区域级 （联邦主体级）	运输委员会	捕渔业	社会-经济发展 委员会	环境保护机构
地方级 （市政级）	海港行政管理机关	渔业监管机构	土地规划部门	环保监控机构

　　每一级次的管理机构，其平行组元，均是对应各种职能性任务而设定。而这些职能性任务的完成，则由不同的机构来实施。此类机构因其权限不同可以被命名为：部委、代办、司局、管理局、委员会，等等。

　　海岸带综合管理系统自身内的职能系统，亦可被分解为与国家的政府组织结构相对应的垂直和平行两类组元。一方面，一些管理行为可以被划归于诸管理级次的某一等级（垂直组元）；另一方面，在同一管理级次上，一些管理行为亦可以由这一管理级次的不同分支机构（平行组元）去执行。在顾及海岸带综合管理的综合性质的同时，海岸带发展问题方面出现的不充分的平行一体化，可能会导致"缺口"的出现（即问题无人问津），或管理职能的重叠（即有几个分支机构同时处理着同一个问题）。在实际条件下实施互动系统，这是一项相当复杂的任务，因此，构建自己独有的、旨在发展合作和推动协调的组织结构，便是海岸带综合管理的一项极为重要的、需独自去完成的任务。

　　诚如已经指出的那样，目标规划原则，是海岸带综合管理系统的另一种组织原则。依作者之见，目标规划原则与市政原则并举，对俄罗斯海岸带综合管理系统的构建而言，可能是具有良好的前景。我们现在来研讨一下对制定海岸带综合管理方法运作规划提出的要求。米切尔（Mitchell）曾于 1982 年总结出一种适用于海

岸带综合管理任务的目标规划的分类,在其基本原理中,他运用了三个原则:

　　◇ 以海岸带为定位——即已制定的规划,是否以海岸带为定位;或者,那些施之于海岸带的运作,是否系其他一些涉及内容更为广泛之规划的一部;

　　◇ 国家管控力——即已预先拟定国家一级政府应对规划的执行予以强化还是弱化的管控;

　　◇ 战略定位(policy orientation)——即履行海岸带发展规划所要达到的根本目标——经济的发展或环保的定向——已得到确定。

　　例如,依据这一分类,便可以将此前提及的斯里兰卡划入如下一类国家之列:此类国家拥有已明确定位的、有着极其发达的国家级管控机构的、旨在解决种种经济问题的海岸带管理系统。

　　索伦森(J. Sorensen)曾于 1984 年和其他几位作者拓展了这一分类法,并且通过将诸部门间的一体化程度与定向解决海岸带问题的目的性程度加以组配的方法,将国家划分为七种类型(见表 1.6 及引用文献目录-31)。

　　属于第一种类型的国家,大多为发展中国家。在这些国家中,海岸带区域内诸过程的管理系统的实施范围,仅限于行业、部门规划的层面。可以划入第二种类型的,是一系列发达国家,诸如日本、荷兰、波兰、瑞典、新加坡。在这些国家中,诸区域的发展,是由各种各样的区域发展综合规划所决定的。

表 1.6　海岸带综合管理的国家支持类型

(依据引用文献目录-31)

	国家类型						
	1	2	3	4	5	6	7
部门型规划与发展	×	×	×	×	×		×
未顾及海岸带特征的综合型规划		×			×		
顾及海岸带特征的综合型规划			×			×	
海岸带综合管理				×	×		
顾及海岸带特征的资源合理管理						×	
存在着部门间的为海岸带专设的管理机构							×

可归入第三种类型的，是那些拥有对海岸带特殊地位予以关注的法律依据的国家，即塞浦路斯、法国、西班牙、挪威、英国等。可以归入拥有各自的海岸带综合管理系统的那些国家，例如有：美国（属于第四类国家）、巴西、哥斯达黎加、希腊、厄瓜多尔、以色列（属于第五类国家）等。相应地可以归入拥有符合第六、第七类国家支持的海岸带综合管理的有：新西兰（属于第六类国家）、孟加拉国和斐济（属于第七类国家）等。依据这一分类法，俄罗斯联邦海岸带综合管理的发展现状，使得可以将其归入第二类国家之列。

海岸带综合管理国家支持系统的另一种分类方法，是建立在对国家监管海岸带各类活动的方式方法所做分析的基础之上。这一原则曾被运用于对国家级海岸规划的分类。在美国通过了《海岸带管理法》（*Coastal Zone Management Act*）之后，此类规划得到了发展。若是运用这一原则，便会发现：可将所有规划分为两大类别：

　◇ 网络化（Networked）类型，即现存的国家诸行业和行业管理被保留下来；没有出台新的海岸带立法；行业协作在现行立法基础框架内、通过拓展海岸带运作策略的办法，得到改善；

　◇ 立法化（Legislative）类型，即形成一个新的立法基准。这一立法基准，应当与解决海岸带诸问题相关的既定任务范畴相符合；构建一些新的，或者重建现存的管理机构。

目标规划网络的建立，其目的便是要将依据现存的合理利用资源规划而实施的种种运作整合于（协同一致于）一个统一的海岸带规划之中。目标规划原则曾在美国发展起来，并被推广到世界其他一些国家。在美国，目标规划方法的基础，是联邦政府与州政府之间达成的协议。这些州政府已自愿表示期望推动与海岸带综合管理相关的规划的实施。各级联邦政府在海岸带综合管理区域规划发展中给予的支持，通常表现在实施规划时对各州在财政和技术方面的协助。但是，为了获得联邦政府这一支持，则必须使由州政府倡导的海岸带综合管理规划符合某一最低限度的联邦标准，即：

　◇ 必须有助于海岸带资源的保护；

　◇ 必须确保社会各界参与海岸带问题的解决；

◇ 必须有助于对海岸带特定区段发展过程的管理；

◇ 必须减少因海洋自然灾害所致的负面影响。

波恩和米勒为这一目标规划方法定义出四个必备特征：

◇ 该规划会强调最佳化地履行现行规划并伴以最佳化地协同一致的必
　要性；

◇ 被指定的主管机构(办事机构)会拥有范围广泛的全权和使平行管理层
　面的管理效力协同一致的能力；

◇ 主管机构通常应系一执行机关,而非从事业务管理的机关；

◇ 主管机构应当与同一级次的其他管理机关和在各不同管理级次之间,均
　保持良好的互动关系,特别是在资源、资金和职权分配方面。

对一些协调委员会或理事会而言,其优先任务便是将由各种不同规划引出
的"线编结起来",并构织出一个统一的、综合性的海岸带规划之网。此类起着协
调作用的群体,会在目标规划方法获得成功的过程中扮演须臾不可或缺的角色；
特别是当协同动作或一些获得的委任权力十分强大有力,足以保障与土地使用
相关的各联邦机构、工矿企业、交通运输、环境保护和其他一些部门——即参与
规划与监管的各种机构——均能协同一致时。让我们以澳大利亚的一个负责海
岸带管理的海岸带理事会成员构成为例。据引用文献目录- 31 提供的信息,这
一理事会是在澳大利亚政府支持下为协调本国海岸带规划的执行而设立的。

这个名为新南威尔士海岸理事会(New South Wales Coastal Council),其
成员包括：独立代表一人；诸规划部门、社会工作部门、土地资源管理机构、矿产
资源管理机构、渔业部门、旅游委员会、国家公园和野生生物保护局、环境保护委
员会等单位的领导者若干人；澳大利亚皇家规划研究院代表一人；工业部门代表
一人。此外,进入该理事会的还有：经推举产生的澳大利亚政府成员一人和经推
举产生的本地区政府代表三人。

尽管此类海岸带理事会的运作有其共同的目标,但诸地区政府在制定组建
这些理事会的原则过程中,亦具有一定的独立性。例如,维多利亚海湾海岸带管
理理事会成员便包括：由部长指派的代表一人；规划与发展部门、交通运输部门、
自然资源部门的领导者若干人；各市级政府代表若干人。亦有在环保、旅游、休

闲、商贸、海岸带工程领域有工作经验的或与社会活动及当地居民工作相关的社会各界代表六人。

可以作为任何一种网络化规划首要任务之一的是:要判定是否可对海岸带发展过程持抱批评态度与考量,以及在个人和管理层面上是否可能达成各类办事机构和海岸带发展过程参与者之间的协调一致和同心协力。如此一来,"良好的意愿"便总会是实施海岸带综合管理的有力动因。

运用网络化规划方法进行海岸带综合管理,与建立在对立法施行变更基础之上的方法相比,可能会显得较为低效;特别是当政府实施海岸带综合管理的决心,缺乏足够明确的法律加持时。不过,对美国海岸带综合管理规划各种不同发展路径所做的比较性研究表明,与某些以运用法律机制为取向的规划相比,网络化规划方法甚至可以提供更大的效益。显然,这可以解释为:任何一种立法程序,均要求须有足够多的时间用于其筹备、研讨和获准通过;这便使海岸带综合管理的构建过程具有了演化、渐进的性质。此外,立法机关人士也被吸纳到这一过程中来。他们与网络化规划参与者们的不同之处,恰恰是在海岸带发展方面没有直接的利益,这亦可能会导致海岸带综合管理发展进程的迟滞。

不过,毫无疑问,法权立法是构建海岸带综合管理诸有效机制的基础。这一法律基础,应当能通过对主管代办机构或协调机构的职权分配(移交)和其资金拨付制度来决定海岸带规划的结构。若没有法律上的保障,那么,诸如各类自然资源利用的经营执照与许可证发放程序的界定、渔业捕捞额度的分配、环境保护规章制度(作业区有害物质含量允许极限值、最大允许排放量、水体质量标准及其他一些标准)的研制和其执行的监督、环境影响评价程序的执行、生态评估等等问题,便均不可能得到解决。

俄罗斯联邦海岸带综合管理系统构建的独特之处是:这一过程的启动,是在国家管理部门的不同层面上同时发生的。在联邦目标规划框架内研制联邦性的海岸带综合管理系统诸原则的同时,许多沿海地区,其中亦包括俄罗斯西北部,均对研制出一个综合管理本地区海岸地带的区域性方案,表现出兴趣。数年之前,在俄罗斯联邦工业、科学与技术部领导下的联邦目标规划《世界海洋》的框架内,开启了对适用于俄罗斯联邦条件的海岸带综合管理方法的研发和改进。在这一规划的框架内,俄罗斯诸海洋的海岸带资源潜能,得到了评估;编制和实施国家级和区域性海岸带综合管理规划的国际经验,受到了研究;开启了在我国高校系统内为海岸带综合管理领域培养干部的工作;着手进行了一些最初的尝试——将海岸带综合管理的个别一些原理和规则推广到一些沿海地区发展的实际活动中去(见引用文献目录-1、2、27)。

研发这一方法的下一个实践阶段的任务,便是要求制定出一个与之相适应的法律法规基准。对俄罗斯现行的制约着海岸地带活动的法律法规机制的评价、对俄罗斯国内形势的特点和法律文化特性的关注,均表明:就俄罗斯海岸带综合管理方法的构建与实施而论,其最佳解决方案将会是——通过一个关涉海岸带管理的专项联邦法律(见引用文献目录-2、27)。

研制区域性的海岸带综合管理方案,其必要性,一方面是由各联邦级、地区级和地方级管理级别权限划分体系的存在所决定着的,是由不同类型的所有制形式的存在所决定着的;另一方面,海岸带综合管理所具有的地区性视角,亦是与自然地理条件、自然和资源条件的差异相关,与不同地区经济和社会发展的独特性相关。据此类观点而论,不同地区的区域性海岸带综合管理方案,便可能会拥有其各具特色的、与本地区战略发展具体目标相关联的特征(见引用文献目录-7)。

对隶属于圣彼得堡和彼得格勒州国土管辖的芬兰湾海岸带而言,其战略发展的目标之一,便是在芬兰湾东部地区构建港口设施综合体。该综合体乃是俄罗斯西北运输工程综合系统的一个重要组成部分。虽然营建港口设施综合体的必要性,是由联邦目标规划所决定的,但是,一系列与具体的建设任务的实施、与沿岸地带基础设施的发展、与港口设施的建筑和使用的生态化保驾护航、与自然资源的各类不同利用者关系的和谐化等相关联的问题,均会在地区一级诸管理机构的积极参与之下得到解决。如此一来,地区一级的海岸带综合管理系统的构建,便通常会被视同为构建海岸带综合管理系统垂直管理线时一个必不可少的环节。

依照圣彼得堡行政当局的委托,俄罗斯国立水文气象大学曾进行了一项前期性研究。该项研究的宗旨,是要制定圣彼得堡海岸带区域性管理方案,作为圣彼得堡市为了经济和社会领域的发展而利用其海岸带资源的原则(见引用文献目录-8）。在此这项研究过程中，一些关涉圣彼得堡海岸带综合管理方案实施的初步建议，曾得到准确表述。依据已提交的这一方案，构建区域性海岸带综合管理系统，其第一（即预备）阶段的主要任务，应当致力于使海岸带综合管理方案合法化；标定海岸带边界并赋予其明确的法律地位；提升居民的信息知情度；完善干部的教育与培训体系；为在圣彼得堡这一相当狭小的沿岸地带组织区域性海岸带综合管理系统制定基本原则。在这一原则中，区域性海岸带综合管理的种种重要意义，均应得到最为充分的反映。这一预备阶段的实施，应是会使得可以确定海岸带在该市经济活动总结构中所扮演的角色、查明海岸带资源的主要利用者、取得用于评估海岸带范围内经济与社会领域变化趋势的量化数据。

专栏 1.3

圣彼得堡海岸带综合管理方案及关于海岸带划界的建议

　　圣彼得堡，乃一具有统一行政管辖的经济结构。与海洋相关联的经济活动，其种种变化，将会波及整个城市的利益。已由圣彼得堡发展战略规划所确定的对圣彼得堡大型港口实施现代化和一些新港口设施的营建，势必将会使该城市财政预算收入增加、其居民就业率提高和基础设施得到发展。与圣彼得堡向超大运输枢纽转变相关联的种种变化，将会导致大大超出圣彼得堡行政管辖界线的诸地区和与其接壤的彼得格勒州的发展。这个乃系欧洲第九运输走廊之一部的大型运输枢纽，其营造工程，无论对俄罗斯西北部的经济还是波罗的海沿岸其他一些国家的经济，均会构成重大影响。但是，在海岸带综合管理的语境之下，圣彼得堡行政当局所能实施的管理职能，仅限于隶属于它的行政管辖区域内。圣彼得堡海岸带管理区域的外围岸界，不可能超越它的行政管辖边界。

　　故，在圣彼得堡辖区内划分出一个沿岸地带，乃是适宜的。这一沿岸地带的岸界，与隶属于工业企业、市属单位或其他一些有着通往海岸地带通道的机构的区域边界相吻合。这一沿岸地带，可以被称之为圣彼得堡海岸带。圣彼得堡海岸带的划定，一方面会提供确定海岸带直接利用者清单的可能——此类利用者,其经济的、环保的或任何其他活动,均与海岸带发展利益有着直接的关联;另一方面,则会使得可以对海岸带进行全面盘点(即对海岸带的现状、利用效率,等等做出评价)。如此一来,经济事务的管理,便势必是主要集中于圣彼得堡海岸带区域内,而对这一经济活动的效率和种种社会效果的评价,则应是在市一级层面上进行。

　　应当将圣彼得堡水灾防御工事的外围边界作为圣彼得堡海岸带的边界。

　　第二(即实践)阶段的任务,是构建海岸带综合管理的运作系统。上述每一阶段的主要行动措施清单,以及一套可以被用于监控行动措施执行状况的指标,均已研制完成。

1.6　欧洲海岸带与全球气候变暖问题

　　有鉴于海岸带综合管理的发展程度是在与其他各类不同规划的互动作用中得到增强的,因此,现在让我们在全球气候变暖问题的语境下对海岸带区域内活动实行规划与调控的必要性,进行一番研讨。援引具体的科学规划为例,会使我们一则可以论证采取确保 21 世纪海岸带可持续发展具体措施的必要性;再则亦可以提供有关对欧洲气候变化构成温室效应的潜在影响的背景信息。海岸带综合化管理方法,可以成为在海岸带区域内实施一些预防性行动的有效机制之一。此类预防性行动,旨在减缓因全球气候变暖导致海平面上升所造成的影响。然而,应当同时附带申明:海岸带综合管理方法,具有非常广泛的用途,并非仅局限于此间被拿来作为实例加以研讨的这个问题。

1.6.1　欧洲地区现状概况

　　欧洲,作为大陆之一,西起大西洋,东抵乌拉尔山脉东麓、乌拉尔河和里海;北起北冰洋沿岸,南抵高加索山脉、黑海和地中海。其面积为1 040万平方千米。该大陆的地貌基本上系平原性的。这里有世界最大的平原之一——欧洲平原。欧洲亦有数座山脉,其最高峰不超过 5 642 米(即高加索山脉的厄尔布鲁士山

峰)。欧洲大陆的地表,因有着分布良好的水系而得到相当好的滋润。欧洲可划
分出五种气候类型:海洋型气候、过渡型气候、大陆型气候、极地型气候和地中海
型气候。其气候的差异,决定着各种类型的植物带的存在:冻土带、原始森林带、
混合林与阔叶林带、草原和地中海植物带。欧洲土地约有三分之一用于农业轮
作。欧洲人口总数约为 7.2 亿。就欧洲而言,与其他大陆的国家相比,其特点是
人口密度较高和出生率较低。在中、东欧一些国家,现今的人口可能会有超过
1.2% 绝对值的负增长。与此同时,欧洲亦有着最高的寿命指数——男性为 75
岁,女性为 80 岁(见引用文献目录-35)。高寿命水平与低下的儿童死亡率,乃
是人口健康得到关爱的结果,但是,这亦导致较之其他一些国家更为快速地国民
"老龄化"。

　　欧洲诸国家之间在经济发展水平方面,存在着重大差异。人均国民生产总
值,会在 44.32 美元(摩尔多瓦)至 540 美元(瑞士)这样宽阔的范围内变动(见引
用文献目录-35)。西欧的一系列国家乃是拥有稳定经济的、已经达到了高度一
体化和拥有共同经济政策的发达国家。高水准地运用现代技术,是这些国家的
工业特征。1990 年之前,中、东欧一系列国家曾经有过表现突出的计划经济。
自 1989 年起,这些国家经历了重大的经济和政治变革,且如今可以将其归入所
谓具有过渡型经济的国家之列。这些国家的工业特征是:缺乏对资源、其中亦包
括能源的有效利用和对环境的高度污染。在这些国家中进行的经济和政治上的
种种改造,是一个复杂且长期的过程,这已经在一系列国家中导致了国民收入的
急剧下跌。与此同时,亦有一些国家能够做到使国民收入获得增长,例如波兰,
国民收入在 1990—1997 年间增长了 3.9%(见引用文献目录-35)。

　　欧洲诸海岸带的特点是:人口密度大和社会—经济活力强。它们是各类经
济体系存在的基础,而这些经济体系,则又是食物链构成中的重要环节。在例如
荷兰、英国、丹麦、德国、波兰这样的国家中,得到很好开发的海岸带,如今已经处
于平均满潮水位之下,正经受着近来频繁出现的风暴潮现象的袭扰。抵御风暴
潮涨水时产生的海浪影响,便要求营建具有足够强度的防护工程。此类建于岸
上的防御工程的存在和因全球气候变暖趋势而引发的平均海平面的提升,正在
导致被称之为海岸带挤压效应(coastal squeeze)现象的发生。

　　欧洲诸国家所面临的主要生态问题,与生物和景观多样性的减少、土壤与地表的恶化、林区面积的缩减、种种自然灾害、用地生态状况修复的必要性、水资源管理系统的完善等相关。气候的种种变化,会借由海平面的直接提升、风暴和与之相关的风暴潮涨水形成的频率与强度的增强、构成水平衡和一系列与该海岸带区域特征相关的其他要素的改观而对海岸带形成相当大的影响。例如,对北部海岸带而言,与全球气候变暖相关的永久冻土的融化,便可能成为一个重大问题。

　　依据政府间应对气候变化专家委员会(Intergovernmental Panel on Climate Change)工作组提供的气候变化影响评估,在欧洲,应当对南部地区、地中海地区、山地地区和诸海岸地带,予以特别的关注(见引用文献目录-17)。

　　政府间应对气候变化专家小组成立于 1988 年,其目的是要对有关气候变化的科学技术和社会—经济知识的现状、气候变化形成的原因、潜在的后果和应对战略予以全方位的评估。该专家工作小组曾先后撰写出五份评估报告,其内容包括对与气候条件变化相关的潜在负面后果的预测与评估。专家工作小组撰写第五次评估报告(ОД5)的工作,于 2014 年结束。该报告由三部分组成:自然科学原理;后果、适应与伤害性;影响气候变化的作用的减弱。与先前几次评估报告相比较,在第五次评估报告(ОД5)中,对气候变化的社会—经济角度的评估和气候变化对可持续发展的影响、对一些区域性视角、对一些风险管理问题和有关适应及减少影响的应对措施的制定,均予以了更多的关注。

　　第六次总结报告(ОД6)的撰写工作,计划将于 2022 年完成。在当前的报告撰写周期中,该专家小组将撰写三份专题报告、一份国际温室气体调查资料集的业务报告,实际即是第六份评估报告(ОД6)[①]。

　　作为减少人类行为对气候变化造成影响的手段,可以提及所谓的"东京议定书"。它是作为对联合国气候变化框架公约的补充而于 1977 年获得通过的。在这份议定书框架内,开启了运用市场机制减少向大气中排放温室气体的尝试。然而,这一尝试还不能被称作是非常成功的。这份条约的有效期,截止于 2020

---

　　①　据政府间应对气候变化专家委员会网站提供的资料:http://www.ipcc.ch。

年。2015 年 12 月,在联合国气候变化框架公约缔约国第 21 次代表大会上,曾通过了巴黎气候协定。该协定确定了 2020 年后温室气体的排放标准和预防气候变化的措施;其中包括承诺将全球温度的升高控制在 1.5 摄氏度水平。该协议于 2016 年 11 月 4 日生效。

1.6.2　社会—经济发展设想方案

此类设想方案通常被理解为对未来事件最为可能的进程所做出的足够简要的描述。这种描述建立在对诸外部因素影响的某些推测之上,这些因素与发生在被研判系统中的诸个内部过程产生着相互作用。此类设想方案,虽然通常始于对一些事件的规划,但亦可能会带有"叙事"的形式。对事件发展的各种不同情态进行分析,使得可以对系统所具有的适应外部参数改变的能力予以研究——这里便是指适应气候系统的改变,其中亦包括这样一类因素,例如:气候系统的易变性、极端气候环境的出现、潜在可能的自然灾害的影响;亦使得可以研制出弱化因事件不良发展所致后果的措施。这类弱化措施的研制,其目的在于营造使系统适应外部变化的潜能(adaptive capacity)。这类适应性,通常被分为如下若干类型(见引用文献目录-17):

◇ 超前适应(anticipatory adaptation),即在气候变化通过观测已经被记录下来之前便已存在的适应性。在某些情形之下,这一类型还被称作前摄适应(proactive adaptation);

◇ 自适应(autonomous adaptation),它不是对气候变化所做出的直接反应,而是生态变化的结果,如果我们分析的是自然界;或者是市场环境的改变,如果我们分析的是社会—经济系统。此种适应类型也被称为自发性适应(spontaneous);

◇ 设定的适应(planned adaptation),即系制定并已实施的措施所造成的结果。这些措施被用于在外部影响出现时使系统维持或达到指定的状态;

◇ 个体性适应(private adaptation),即系由个别一些人、自然资源利用者或个体公司发起,且通常旨在顾及过程的个别参与者的利益;

◇ 公众性适应(public adaptation),即系由国家所有管理层面的机构发起

并执行,通常旨在解决一些集体性的需求;

◇ 反应性适应(reactive adaptation),即发生于被记录下来的气候系统变化所形成的影响之后(与前摄适应相对)。

对诸适应过程进行评价时,会运用到各种不同的标准,诸如:有效性(availability)、收益(benefit)、成本(cost)、效果(effectiveness)、效率(efficiency)、可行性(feasibility)。例如,适应性收益(adaptation benefit),是由预防损失的成本或因采取和执行了具体的适应性措施而获得的收益所决定的。这些措施的成本(adaptation cost)将包括用于某些行动的计划、筹备和执行的费用。

在对评估全球气候变化的影响所做的研究方面,一些具有世界性意义的社会—经济发展设想方案,得到了运用。表 1.7 所示,即为其中某些发展设想方案所具有的特征。

表 1.7　被用来评价气候系统变化影响的某些社会—经济发展设想方案的特征

(依据引用文献目录-17 提供的数据)

设想方案　　运作时期 受到 关注的因素	IPCC Base	SRES	Pakistan	UKCIP	ACACIA	USNACC
	1990—	1990—2100	2020—2050	2020—2050	2020—2050—2080	2050—2100
经济增长	×	×	×	×	×	×
人口增长	×	×	×	×		×
土地使用	×	×	×	×		×
能源	×	×	×			
农业、食品产品	×		×	×		
工艺变化		×		×	×	×
水资源	×			×		
政府水平		×		×	×	
社会因素						
互动指数						×

（续表）

设想方案 / 受到关注的因素＼运作时期	IPCC Base	SRES	Pakistan	UKCIP	ACACIA	USNACC
	1990—	1990—2100	2020—2050	2020—2050	2020—2050—2080	2050—2100
组织变化						×
生物多样性	×			×		
海岸带综合管理				×		
人口调配				×		
政治组织					×	
社会政策		×			×	
环保政策		×			×	
区域发展		×			×	
和谐性			×			
卫生			×			

1. *IPCC Baseline Statistics*（IPCC，1998）.

2. *IPCC Special Report on Emission Scenarios*（Nakicenovic et al.，2000）.

3. *UNEP Pakistan Country Study*（Government of Pakistan，1998）.

4. *United Kingdom Climate Impact Programme*（Berkhout et al. 1999）.

5. *A Concerted Action Towards a Comprehensive Climate Impacts and Adaptation Assessment for European Union*（Para，2000）.

6. *U. S. National Assessment of the Potential Consequences of Climate Variability and Change National-scenarios*.

在欧洲气候影响与适应性全面评估协调行动方案框架内,在研制欧洲社会—经济发展诸设想方案过程中,曾遴选出四种可行的方案。对这些设想方案的基本走向,可以做出如下定义(见引用文献目录-17):

"世界市场"型设想方案 A1,其前提条件是世界经济实现实质性的全球化和对社会范畴内的物资需求关系予以掌控。普遍的社会价值观,基本上是与技术进步和快速盈利联系在一起。大自然会如人们所料想的那样,能够足够完美地自行抗衡人类活动所造成的压力。人类特别关注的是正在发展着的经济。然而,对待发展持有这样的理解,其视野与可持续发展概念相比,则是较为狭小的。尽管由于欧洲福利的普遍提升,生活将会变得更为富足,但社会最贫穷阶层的缩减,将会是相当缓慢。欧盟将成为一个单一的相互协调的、并与其他地区性市场(例如在亚洲或北美洲地区)在功能上保持着一体化的市场。

"全球可持续性"型设想方案 B1,则意味着:欧洲的发展,是以培植共同体思想为基础、在兼顾生态资源和环保需求而标定的限度的框架内进行的。寻求解决全球性课题的国际合作方法的必要性,被特别强调。于是,为了应对解决环境保护领域内一些共同问题的迫切性,欧盟各成员国会越来越多地牺牲各自的主权。与自然界的和谐相处,正在逐渐成为一个社会的社会结构基石。

包括欧盟在内的这类国际性组织,其作用将会提升;而它们的活动,也将会具有极为宽广的领域:从对环境保护行动进行一般性的调节,到对社会不平等问题予以积极干预;方法是采用各种各样的社会规划。

"地方进取"型设想方案 A2 则推测:欧洲正在渐渐变得非单相性。在成长过程中,社会制度的安排,受到快速获利欲望的驱使。更多的政治决策,是在国家和次区域性层面上获得通过。欧洲正在采用较具关税保护主义色彩的经济与贸易政策,这种政策导致出现一种新式的、对他国利益构成限制的经济发展,尤其是在一些发展中国家。全球国民生产总值以低于 A1 型设想方案的速度增长,这便会导致不平等现象的加剧。拉平欧盟诸国家间的发展水平,会使社会压力和不均衡现象出现;其表现是:在诸自由市场关系的短期愿望与保护本国国家主权的长远愿望两者之间,产生矛盾。民族经济的关税保护主义和对必须改善环境质量的短期消费性需求,渐渐成为种种政治优先权。

"地方稳定"型设想方案 B2 推定:欧洲对解决环境保护问题所担负的责任性,是相当巨大的。此类问题,必须通过依据地方需求与条件而采纳一些具体措施的方法加以解决。价值体系构建于环境保护中的共同性与协作精神的原则之上;长期性的战略规划,受到特别的关注。依据辅助原则(principle of subsidiarity),一些职能从联邦一级向地方一级转移的趋势,显现出来。国家一级政府只为自己保留履行"亚国家"一级不可以履行的那些职能。在此种情形之下,会出现小微公司繁荣发展的局面,尽管一些跨国公司正在为能够进入地方市场而拼搏着。总之,世界,包括欧洲在内,正渐渐变得更加非均质化。但是,由于缺乏国家对区域性行为的协调,相对的不均衡现象,便可能成为一个极为严重的地区性问题。这一问题较之其他一些地区性问题,具有更高的被优先处置的地位。在这一设想方案之下,解决环境保护问题会被预订具有毫无疑义的优先权,尽管这类优先权(因空间协调水平的低下)并不像 B1 型设想方案中的那样意义重大。

1.6.3 欧洲气候变化的主要后果

通过模拟气候系统演变所获取的欧洲气候变化主要特性,列于专栏 1.4(见引用文献目录- 17)。依据预测,最为明显的气候变化,将会出现在南欧。其中,在西班牙,临近所研究时段的末期(2080 年),夏季平均气温将会提高 4～4.5 ℃,而降水量大致会减少 30%。这样的气候变化,不可能不会对这一地区的居民生活和生产活动的环境构成影响。若是注意到处于干旱期的西班牙,现在正经历着供水方面的某些困扰,而该国经济对国际旅游业的依赖性又是相当巨大,那么,较为充分地研究气候变化对一些经济行业构成的潜在影响并制定出使其适应这些变化的措施,便是势在必行的。

在欧洲东北部地区,此类气候变化不那么明显。然而,它们依然将会对居民生活的各个方面形成重大的影响。例如在芬兰,在履行全球气候变化后果研究的国家计划(SILMU)时,便曾注意到农业结构以及其他一些经济行业结构中发生的重大的潜在变化(见引用文献目录- 18)。

其中推测,临近 2050 年时,植物生长期将延长 3～5 个星期,这将导致稳定耕作的土地面积大大增加。用于种植马铃薯的耕地面积,在芬兰南部可能会提高 10%～50%,在北部则会提高至 100%。大片林区的林木种类构成,也被预测会发生变化。例如,预测在芬兰南部,松属林木实际上将会完全被白桦林木所替代(在芬兰南部沿海地区,松属林木在一般的大片林区内所占的数量,将于临近 2100 年时由原来的 41%～60%下降至 1%～20%;而白桦树林木的数量则将会相应地由 1%～20%提高至 81%～100%)。据推测,大片林区的树种结构的变化,会对林业和木材加工业形成有益的影响。波的尼亚湾冬季最寒冷时段的结冰厚度,将由 70 厘米(1990 年)降至 30 厘米(2090 年),这可能会影响到破冰船造船业的战略发展规划。

专栏1.4

欧洲不同发展设想方案下的气候主要变化

气温

欧洲大陆年平均气温将于十年之内提高大约 0.1~0.4 ℃。这一变暖现象将会在南欧(即西班牙、意大利、希腊)、东北欧(即芬兰、俄罗斯西部)和大西洋沿岸的海岸线地区,表现得最为显著。

冬季气温升高最快的,将会发生在东欧和俄罗斯西部地区(十年内将会升高 0.15~0.6 ℃)。欧洲北部与南部夏季变暖的强度,彼此间的差异将会相当显著(十年内北欧将达到 0.08~0.3 ℃,而南欧则将为 0.2~0.6 ℃)。

不久之前被划定为严冬等级的那些冬天(1960—1990 年间每十年一度的发生周期),至 2020 年时,将会变得非常稀少;且至 2080 年时,实际上将会消失。与之相反,炎热的夏季时段出现的频率则将会提高。至 2080 年时,每个夏天实际上都将会比现今气候条件下每十年一个周期的那种酷夏更为炎热。

就欧洲南部而论,模拟未来气温变化所获取的数据结果,其最完美的一致性,是出现在冬季时段。与此同时,在夏季时段,这一地区的模拟数据结果则显示出最大的差异。运用各种模型所进行的模拟,其数据结果表明:对整个欧洲地区而言,所有季节均在变暖。

降水

欧洲地区未来降水量变化总图谱表明:欧洲北部降水量会大为提高(十年内约提高 1%~2%);欧洲南部地区降水量会有较为微弱的下降(十年内最多下降 1%),而欧洲中部地区(即法国、德国、匈牙利、白俄罗斯)的降水量,其变化极其微弱、实际上是不明显的。

冬、夏两季降水量的变化，呈现出一些重大的差异。在冬季，欧洲绝大部分地区，将出现湿润度增加的现象（十年内约将增加 1‰～4‰）；但巴尔干半岛和土耳其除外，那里的冬节会渐渐变得较为干燥。夏季的南欧和北欧，同气温一样，会出现很大的差异。在北欧地区，湿度的普遍提高会于十年内达到 2‰；而在南欧地区，伴随着十年内湿度下降达 5‰ 的速度，将发生加剧的"干燥"。

但是，那些降水变化将超过 30 年系列观测的自然气候变化标准偏差值（2σ）的区域，只是临近 2050—2080 年年间时才会出现，且仅出现于采用了气候变暖的"剧烈"态势（即 B2、A1、A2 设想方案之下）的模型中。即便就那个最为剧烈的气候变暖态势（即 A2 设想方案之下）而论，也并非总是能够将降水量的变化解释为是对这种全球性气候变暖的回应。

运用各种模型所获取的降水分布模拟，其数据结果可以揭示出一些重要的差异，直至其特征。最大的一些差异与欧洲南部和北部地区相关，而最小的一些差异，则出现于中欧地区。

天气极值

被利用的这些设想方案，是不能够令研究者获得昼夜天气极值的明显变化的。不过，最有可能的是：夏季温暖空气拐点出现的频率与强度，在整个欧洲地区均将会提高；强降水出现的频率，亦会类似地增加，特别是在冬季；夏季，中欧和南欧地区干旱出现的可能性将会提高；暴风雨出现频率的提高，亦是可能的。

海平面

临近 2050 年时，全球性的平均海平面的升高，将达到 13～68 厘米。这些评估，通常没有顾及地壳的自然垂直位移，因此，在海平面升高方面，与此前得出的一些评估之间存在着一些区域性差异，是可能的。

在地球气候形成的过程中，北极地带的气候扮演着一个重要的角色。许多罕见的气候过程，都是受到发生在极地诸区域内的种种过程的控制。对北极而言，其典型特征便是：存在着海洋与大气之间的复杂的交互作用，以及那些调节各冰期之间诸转换过程的种种反馈。极地诸区域内发生的种种过程,对海平面的升高构成重大影响。北极水域的沿海地带,乃是人类居住区域的边缘地带,为了在那里生存,人类就势必要去适应那里的寒冷气候条件。

对北极诸地区气候变化的评估,是在筹划撰写有关气候变化的区域性影响专题报告框架内完成的(见引用文献目录-17)。由该项报告内容所引申出来的主要问题之一便是:目前被预测到的气候变化,对一些重要的自然、生态、社会和经济过程所构成的影响,具有很大的易变性。由于存在着一些有意义的、积极的反馈,北极地带通常会对外部变化做出较之地球其他地区更为迅速和更为积极的反应。在此种情形之下,这种反应会波及极其多样的过程,例如冰盖的形成、永久冻土的存在、北冰洋和北部诸海域水文机制的形成。

为了对影响进行评估,曾采用了四种经济过程发展设想方案。这四种设想方案,均会对热力学活性气体向大气中排放的变化构成影响。然而,应当指出,采用不同的经济发展设想方案和模型进行模拟所得出的结果表明:温度和降水量数据变化波动范围很大。因此,认定有关北极地区气候变暖的气候学后果的课题已经得到解决,这尚且是件相当复杂的事情。可以指出,所有模型均表明:北极区域的温度将会提高,气候将会变得较为湿润。例如,依据对夏季时段气候变化后果影响所做的最新评估数据而论,陆地气温到 2080 年时将会升高 4.0～7.5 ℃,海面气温则将会升高 0.5～4.5 ℃;陆地降水量将提高 10%～20%,海面降水量则会提高 2%～25%。在冬季时段,相应地,陆地气温会提高 2.5～14.0 ℃,海面气温会提高 3.0～16.0 ℃;而陆地降水量会提高 5%～80%,海面降水量则会提高 2%～45%(见引用文献目录-17)。

如所意料的那样,气候变暖将会引起冰盖面积的缩减,反过来又将会使被海洋所吸收的太阳辐射量得到提高,这亦将会促使海洋平均温度的升高。普遍性的变暖,可能会导致夏季时段冰雪消融殆尽和冬季时段出现无海冰区域。雪在海冰上的蓄积,可能会导致生成于冰下的初端产品的数量发生改变,亦会使北极地带的一些居民们(北极熊、海豹)的生存环境发展改变。

冰的数量的增减,将取决于冰盖面积的变化、盐浓度的变化、冰结融关系的变化和来自极地区域的冰平流的变化。在冰平流中,扮演最为重要角色的,是海冰经由弗拉姆海峡的向外漂流移动。海冰经由这个海峡的平均漂移量，约为 2 850 平方千米（1990—1996）。然而，这一数量值可能会受大气气压场的制约，起码是亦可能会受到海冰厚度的制约而发生重大变化。海冰漂流外移的另一个重要路径，是巴伦支海峡北部和加拿大列岛。戈登和奥法莱尔（Gordon and O'Farell）利用海洋与大气相互作用动力学模型完成的分析（联邦科学与工业研究组织——CSIRO）指出：当 CO_2 浓度增加一倍时，海冰于夏季会减少 60%。夏季，大冰体的分布远离海岸（即沿岸没有厚冰层）的时日，将会延长至 60～150 天（即 2～3 个月）。相应地，北部沿岸地带与浮冰群之间的距离，将会由 150～200 千米增加至 500～800 千米，这将有助于北部海域航线航行条件的改善。

尽管不同的模型给出一些各异的绝对值，但对冰盖面积缩减趋势的揭示，却是十分地相近（见图 1.2）。据温尼科夫提供的数据，到 2050 年时，冰盖面积与 20 世纪中叶冰盖所占面积相比，将缩减至 80%。温室效应模型所取得的数据结果表明：冰的厚度在年平均气温提高 1 度时，将会缩减约 6 厘米；相应地，在同样

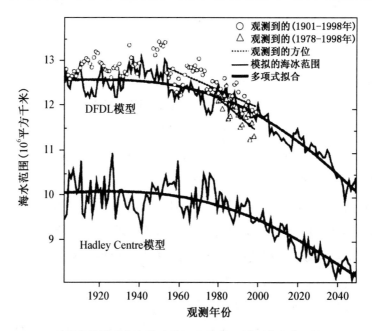

图 1.2   利用各种模型获取的冰盖面积变化和模型数据与 1901—1998 年间观察结果的对比（见引用文献目录-17）

的气温升高条件下,无冰期将会提高 7.5 天。不过,降雪量的提高(一昼夜超过 4 毫米),也会引发相反的效应。

冰盖面积的缩减,可能会导致风暴发生频率的提高和高海浪的出现,其后果便是海岸侵蚀的加剧。种种侵蚀过程的加剧,亦将会促成永久冻土的衰减。一些评估指出:西伯利亚沿海一带受到侵蚀的程度,可能会达到 40 米/年以上的数值。

北极地区的历史性原住民,表现出对那些可获取资源发生变化的适应能力。但是,显然,他们将不能很顺利地适应现今的气候变化影响和全球化过程。在北极地区一千万总人口中,土著居民约占 150 万。他们的生活方式特点是:正式经济(鱼类、石油、天然气、矿物、木材的工业化采获,旅游业)和非正式经济(对可再生自然资源的采获)。其正式经济的加强,导致对远方市场构成影响。例如,在阿拉斯加,旅游业的总收入为 10.4 亿美元;在俄罗斯,出口石油中的 92% 开采于北极圈范围内。正式经济与非正式经济之间的差别,导致确定货币流和商业活动收益的复杂化。对可再生资源的利用(非正式经济),在北方的一些经营群体中,其份额可占到整个经济的 33%~57%。与此同时,对可再生资源的获取,不仅可以受到从经济学立场出发的研究,亦可以在维护那些会使少数民族的自觉和社会共性得以加强的历史遗产、文化价值、传统劳动活动类型等语境中获得研究。那些将海洋生态体系视如食物来源的当地居民,可能将会处于风险地带。气候的逐渐变暖,已经影响到初端生物产品,因此,在一些更高级别的生物营养水平中发生变化,是完全有可能的。此外,海冰的缩减和无冰期的延长,亦将会对渔猎日期和条件、对鸟类和兽类的行为、对它们的迁徙路线和规模等等,构成影响。

还存在着一个对土著居民进行教育的问题,因为,气候变化问题在他们看来并非是一项非常容易理解且需要优先予以解决的课题。故在运用传统知识的同时,也必须要寻找易于理解的语言去解释气候逐渐变暖可能造成的后果。

北方地区经济活动的特点是:已经成为资源获取的传统性行业(捕渔业、石油和天然气开采业)的存在和一些新型行业的出现,例如北方地区的极限旅游业。除此之外,鉴于时下预测到的气候变化,故可以期待会出现对极地地区而言系全新的、诸如农业和林业这样的经济活动类型。

考虑到可能出现的气候变化,与石油和天然气开采相关的生产过程,其所有阶段(开采、储存、运输)亦可能会发生变化。人们将不得不拒绝使用冰上人造设施(港口、钻井平台,等等)。生产活动中心将转移到船舶平台上和开阔水域内。一方面,无冰级平台,其造价将便宜50%;不过,另一方面,风暴和波浪荷载的增加将会导致相反的效应,即为了提高与波浪荷载相关的强度而加大平台的造价。管道,尤其是位于河流和沿岸地带的过渡区域的管道,因永久冻土带特性的变化,其造价也在提高。永久冻土的逐渐融化,将会要求做出一些额外的工程解决方案,以提升建筑物功能的强度。在沿海地带,海岸的侵蚀,亦将要求付出额外的支出。

与永久冻土融化相关的这个问题,将在俄国境内造成一些额外的复杂情况。在那里,1950—1990年年间,曾在永久冻土地带建造了大量的五层楼房。其中一部分已经倒塌,可能即是气候变暖所致。据赫鲁斯塔廖夫提供的数据,土壤温度提高2度,便会导致雅库茨克地区土壤承载能力丧失50%。赫鲁斯塔廖夫预测:到2030年时,在例如雅库茨克和季克西这类城市内,几乎所有的建筑物,均将会毁坏,尽管对它们采取了加固措施。气候变暖,看来将会导致因永久冻土的融化、积雪覆盖层的增厚、风暴的加强而使建筑工程造价提高。与此同时,气候变暖亦将会导致用于居民住房取暖的能源消耗减少。

气候变化作用,将会对运输与交通构成重大影响。现如今,就人员与货物的运输而论,得到最为积极利用的,是空中运输。气候变暖之后,航线的数量势必会增加。这便将要求地面设施(飞机起降跑道、楼宇、道路、气象台站,等等)的发展。天气作为对气候变化的反应,亦将发生变化,这也将要求应当对气象保障予以完善与发展。

海冰的减少,将会使航运状况得以改善。北方海路的全年通航(北—东、北—西航行方案),亦是可以论及之事。不过,这还要求有航海学方面的支持;而最为重要的则是要建造一些新的港口和港湾。此外,物流和海上运输强度的提升,亦要求在关注北极地区特殊性的同时,还应当完善海洋法、研制运输规则、评估石油产品泄漏风险。

气候的种种变化,可能将会因海军舰队舰船的航行环境和功能的变化而对北方一些国家的国防能力构成影响。

专栏 1.5

全球气候变暖对北极地区构成影响的标识性特点

全球变暖的影响,将不仅表现在气温和水温的升高、降水量的增加和海平面的提升,亦将会导致仅为极地地区所特有的、诸如冰盖面积缩减,无冰期持续时间增长,永久冻土局部融化之类特征的改变。

这些变化,可能会对经济活动既具有正面的影响,亦具有负面的影响。

可以归入正面影响之列的是:航海环境会得到改善、石油钻井平台成本会获得下降的潜能、石油污染所造成的生态影响会减少。

鉴于当前所预测到的气候变化,可以期待会出现对极地地区而言系完全新型的生产活动类型,例如农业、林业。

与此同时,永久冻土的融化和风暴活跃程度的加强,将会导致海岸的侵蚀和人居建筑物诸问题的出现。

尚存在着对土著居民进行教育的问题,因为气候变化问题在他们看来,并非是一个非常易于理解和应当优先予以解决的课题。

政府间应对气候变化专家小组于 2018 年 10 月 8 日在韩国仁川提交的那份报告中,含有有关现今气候变化的数据。该报告的全称为《全球变暖 1.5 ℃——关于全球较前工业化水平变暖 1.5 ℃的后果和在气候变化危险全球性反应增强以及可持续发展和努力根除贫困背景下相应的全球温室气体排放轨迹专题报告》。[①]

---

① Global Warming of 1.5 ℃ — an IPCC special report on the impacts of global warming of 1.5 ℃ above preindustriallevels and related global greenhouse gas emission pathways, in the context of strengthening the global response to the threat of climate change, sustainable development, and efforts to eradicate poverty (режим доступа http://www.ipcc. ch/report/sr15).

　　据该报告中出示的数据,全球平均气温已经比前工业化时期的指数高出了1.2℃。俄罗斯的北极某些地区、阿拉斯加和加拿大的西北部,气温曾高出平均值达6～7℃。这便导致了格陵兰境内冰盖融化速度提升和出现极其低下的北极地区冰盖参数。在2014年11月至2016年2月间,海平面提高了15毫米(年平均提高7毫米)。此前,自1993年起,平均每年海平面提高指数为3.5毫米,亦即实际比现今所测数值低50%。超越平均数值的,还有海洋温度指数。这一指数的超越,导致了生态系统的破坏和珊瑚的脱色。例如澳大利亚海岸附近的大堡礁,部分区域内已有50%的珊瑚死亡。据世界气象组织专家所见,因气候变化之故,洪涝和异常炎热天气,会成为越来越频繁出现的现象。其中可以注意到,17个创纪录的炎热夏天中,有16个正是出现在21世纪。如此说来,已经发生的全球变暖1℃,其后果通常会以极端天气现象出现数量的提高、海平面的提升和北极冰雪规模减小的形式表现出来。在为政府间气候变化专家小组工作会议准备的《为政治家所做的概述》中指出:将全球变暖限制在1.5℃范围内,与2℃的限度相比较,将会减少对生物系统、人类健康与安宁的不良影响。总体说来,这会减轻达成联合国制定的可持续发展目标的重负。为政治家提供的这份概述,其内容包括专题报告中所做出的那些重要结论。这些结论,是建立在对现有的关涉全球气候变暖1.5℃问题的科学、技术和社会—经济公开出版物所做的评价之上。

　　专题报告中分析研究了将气候变暖限制在1.5℃范围内的一些可行的预案,以及实施这些预案的必要措施和可能出现的后果。例如,临近2100年时,在气温升高1.5℃的条件下,全球海平面可能会比1986—2005年的基准水位升高26～77厘米,这与全球变暖2℃的条件下相比较,大致会低10厘米。这便意味着:承受例如盐水侵入、洪涝和地面设施受损之苦的相应负面影响的人口数量,将会减少1 000万。凭借限制温度和海洋酸度的升高来减缓全球气候变暖的速度,当是可以令海洋生物多样性、渔业和生态系统所承受的风险减少。不过,据推测:在温度升高1.5℃的条件下,珊瑚礁的数量将会缩减70%～90%;而在气候变暖2℃条件下,可能将会有99%以上的珊瑚礁都会被断送。受制于未来的社会—经济环境,将全球变暖限制在1.5℃,与限制在2℃相比,可能会使气候变暖的影响得到减缓，并会令全世界承受因气候变化而引发的水源短缺加重之虞的人口数量减少近 50%。

对全球变暖加以限制，会给人类及诸生物系统提供更多的机会去适应和继续生存于相应的、更为低下的风险临界值条件之下。作为限定变暖 1.5℃ 的可行预案，建议：到 2030 年时，因人类活动所产生的 CO_2，其全球的排放量应当较之 2010 年的水平缩减近 45%；至 2050 年时，应当达到"净零排放"。这便意味着：所有依然存在的排放，均应是因空气中 CO_2 的消除而得到平衡。

为了实现提出的这些目标，必须要减低 CO_2 和其他一些温室气体的产生对经济增长速度的依附性。这一过程被称之为去偶（decoupling）。一些工业发达的国家在其总结报告中指出，它们已经在这方面取得了实质性的进步。至于俄罗斯联邦，在最近的 15 年间，例如 2001—2014 年年间国内生产总值增长量这样的经济增长指数，为 86.9%，而同一时期温室气体排放量的增长，则共计为 17.1%（如果将土地使用和林业经济部门考虑在内，甚至只有 8.9%）。若是论及经济诸部门，则在调查资料所涵括的最近 4 年（2011—2014）里，在能源工业和农业两部门中，温室气体的排放，实际上是稳定的[1]。在土地使用和林业经济部门，来自大气的温室气体净径流呈现出略有减少之势。仅是在一些"废弃物"经济部门，废物排放的持续增长态势还在继续着，而此类部门对国内温室气体排放总量的贡献相对不大。因此，俄罗斯联邦温室气体排放总量的趋势值于最近这些年，已经大大逼近于零增长[2]。

---

[1]　《俄罗斯环境保护，2016 年：统计文集》，俄罗斯统计出版社，莫斯科，2016 年，第 95 页。

[2]　俄罗斯联邦国家报告《关于蒙特利尔议定书未予管制的 1990—2015 年间温室气体人为源排放量和清除量调查清单》，第 1，2 部分。

2

第 2 章

海岸带综合管理规划的
发起与实施

2.1 海岸带综合管理规划实施的准备与发起方法

为了能够通过对海岸带实施管理而使该地带的发展具有可持续性,在制定和采纳管理决策时,我们便应当弄懂自然过程、生态系统和与人类活动相关的一些过程是如何相互作用的。换言之,我们应当在一个统一的系统框架内对这些过程的互动作用予以研究。这一系统的相互关联的要素是:

◇ 影响海岸带生态系统的诸自然过程;

◇ 时下为人类所利用的各种资源;

◇ 现时的和未来潜在的、因海岸带开发所导致的冲突。

海岸带综合管理,乃系为海岸带发展的所有参与者(即当事人)所接受的一种机制。海岸带综合管理方法的运用,旨在全面开发海岸带的潜能与资源和标定出令这一发展始终处于可持续状态的界线。鉴于处理海岸带问题的这一方法是综合性的和系统化的,故海岸带综合管理的概念势必会以一些物流原则作为基础。这些物流原则的实质,包括在用于获取对整个系统整体而非其个别组分而言系最大正面效应的管理方法之中。物流管理方法这一观念及其与传统管理方法的差异,可以在下面这个示例中得到阐释:假定存在着某种目标管理功能 Φ_c,且这一管理的使命,是要使这一功能最大化。例如,最大效益的取得,是因为系统 C 的运作,而这一系统是由数个物流链环(N_1、N_2……N_n)构成并通过在诸物流链环之间构建物流、信息流或资金流的方法而令其相互作用(见引用文献目录- 13)。

在传统管理方法框架内,这一管理使命,是以如下方式得到解决的:

$$(\text{Max}\,\Phi_c)1 = \text{Max}\,\Phi(N_1) + \text{Max}\,\Phi(N_2) + \cdots + \text{Max}\,\Phi(N_n) \qquad (2.1)$$

即,运用系统 C 所取得的最大效益,是通过对该系统的每一个链环进行管理以期依靠其资源动员而取得每一链环最大效益的方法达成的。在运用此种方法时,各链环在管理中的协作是可以不存在的。这一管理原则,就一些相对简单的系统(例如一个单独的企业)而言,可能会是行之有效的。在这类系统中,各链环之间的协作,是通过实施行政化管理功能的方式来实现的。

而在实行物流化管理时，管理使命则变化为如下方式：

$$(\text{Max}\,\boldsymbol{\Phi}_c)_2 = \text{Max}[\boldsymbol{\Phi}(N_1) + \boldsymbol{\Phi}(N_2) + \cdots + \boldsymbol{\Phi}(N_n)] \qquad (2.2)$$

此时，最大效益的取得，是通过在兼顾到系统诸单个链环相互关联的同时对整个系统施加影响的方法达成的。与上述情形具有原则性差异的是：对管理的最终效果予以评价的出发点，是整个系统的整体利益，而非该系统诸单个链环的利益。在此种情形之下，只有一种管理方案是可行的，即在此种方案之下，系统的最大化效益将是在降低该系统诸单个链环效益的条件之下获取。

以海岸带综合管理的观念来看，海岸带可以被视作某种由若干单个环节组成的物流系统。而海岸带的各种各样的利用者们（居民、诸种经济行业或一些受规模大小制约的单个的企业，等等）、生态链、种种自然链，等等，便是这些单个的链环。这其中亦包括，这些链环的相互作用关系，也是可以通过对各种类型的流的向量的描述来加以确定的。反映迁移过程的诸种居民流、污水排放、与石油泄漏相关的废物，等等，可以成为物流的实例。可以归入信息流的，则是最为广义的信息收集，其中包括实物观测、模拟实验、编制预报和其他一些种类的科学研究。信息流将会影响到对居民的教育与信息通达度、法律（法律或者法规——这是有关"何者可为、何者不可为"信息）基础状况。资金流——这是最为显见的一类流（预算拨款、投资、征收款项和罚没款项等）。

在（海岸带）物流化系统的诸单个链环内，系统功能运作过程中可能会发生流的向量（其数值和方向）的变化；或是一种类型的流向另一种类型的流的转变。并且，物流变化的发生（或调整），通常有赖于资金流或信息流的变化。例如，资金流的增加（使用者之一的投资），可能会导致其生产的发展和以产品形态出现的物流的提高。从（古典管理方法的）具体运用者的角度来看，所有依赖投资而获取的资金，均应投放到生产发展中去（即资源最大化利用原则）。因此，受到这一原则约束的"使用者"，便会在这样的精神指导之下去处置（工资、就业、纳税等）一系列经济、社会问题。这是其有益的一方面并证明着资金使用者的此类举措是正确无误的（起码从古典管理方法角度看来是这样的）。然而，生产的发展，也可能会导致对生态链构成负面影响的物流的增长，例如，以污染物排放增加的形式表现出来负面影响。这种影响，因其使环境质量恶化而将会令已经取得的社会和经济的有益效应下降。可以肯定:在形形色色的资金使用者之中,是存在着将环境质量作为本单位员工的社会环境参数之一而乐于促进对其予以保护的愿望(这便是"资金最佳使用者")。愿望是有的,但缺乏知识,这便有必要增加信息流。这种信息流可以以新知识、新技术推介或仅是以标准(如《空气中有害物质最大允许浓度标准》《有害物质最大允许排放标准》等等)的形式出现。在提供给"资金最佳使用者"的信息流得到加强的条件下,资金使用者,或者是因为(在获得新知识之后)觉悟到,或者是因为被迫(即必须执行标准)而将不得不重新分配自己的资金流和将其部分资金用于减少污染物的排放,也可能会通过减产的办法来减少污染物的排放。物流管理方法所追求的,不是对每一链环均系最佳的管理处置方案,而是整个系统的最佳化(和谐化)。各种管理方法下的管理功能最大化作用值之间的差异,正是可以作为对物流管理方法之下的海岸带综合管理系统效益的评价。在海岸带综合管理语境中,第一种方法与行业(部门)管理相适应,而第二种方法,则与综合性管理相适应。

若$(Max\Phi_c)_2$的值实际上大于$(Max\Phi_c)_1$的值,那便可以认定:海岸带综合管理系统的运行是成功的;因为施之于海岸带发展的这一综合性方法,实际上是较之行业化管理方法更为有效的。反之,海岸带综合管理的运用便没能达到必要的成效,因此,便需要对这一管理方法的运用,予以修正和完善。且于此时,查明并清除导致海岸带综合管理无效运作的缘由,应当成为使海岸带综合管理方法走向成熟的首要任务。海岸带综合管理无效运作的缘由,可能是对地方性或区域性因素的考虑不周、某些调节机制在当前条件下不起作用、海岸带行动策略的制定和(或者)战略的选择中存在失误。

可以推荐采用下述运作流程,来评估海岸带综合管理的效益:

◇ 依据行业战略规划、以综合性指数的形式对由规划规定的诸单个行业(企业)的经营业绩总和,予以评价;

◇ 将这些指数与同一的、但是在顾及海岸带综合管理作用而预测出的指数加以比较,并得出预期效益;

◇ 在履行海岸带综合管理规划的一定阶段结束之后,在综合监测数据基础之上,得出已取得的效益。

各类概括性的、宏观经济的、社会的或生态的指标——一般性的总产值、投资海岸带经济所获的效益、居民出生率、就业率、生态趋势，等等——均可用来作为综合性指数。其中指数的选择，将取决于海岸带综合管理规划执行的最终目标与任务。

上面剖析的这个相当简略的示例表明，可以通过调节各种类型的流的办法来管理海岸带境内的各种过程，其目的是要影响海岸带利用者，使其行为符合已在海岸带行动策略框架内被明确定义的海岸带发展共同利益。海岸带综合管理不会取代行业化管理；它是被用于对（海岸带）整个系统予以整体性的管理，其方法则是协调和理顺海岸带不同利用者之间的相互关系。海岸带综合管理活动的首要目标（或标准），便是确保发展具有可持续性。与此同时，对一些单个的公司类型的（行业型的）或普通的海岸带利用者来说，除了这一目标之外，还存在着其他一些标准。他们通常是依据这些标准是否达成来评价总体发展的成果，例如自家利益是否获得、自身需求是否得到满足等。且十分常见的是：在绝大多数的海岸带利用者看来，经济刺激因素往往显得比伦理道德准则和生态行为规范更为重要。从海岸带具体利用者立场出发和从海岸带全体居民的立场出发去看待发展的优先权与标准，会是有差异的，这也正是使得将综合方法运用于海岸带管理系统成为一种必然。因此，海岸带综合管理系统势必要依靠由大多数人研制并接受的海岸带行动策略（Coastal Policy）来支撑。这一行动策略的最为重要的任务之一，便是要厘清那些可以作为发展合作和平行一体化之基石的共同问题与共同目标。

现在让我们从更为具体的角度来研究构建海岸带综合管理系统这一课题。依据本书引用文献目录第25种文献所论，在海岸带综合管理系统发展的道路上，必须要顺利走完六个主要阶段。现在就让我们对这六个阶段中每一段的内容做一番仔细分析。

第一阶段：海岸带类型特征的确定

首先，必须对海岸带本身（即海岸带的一个区域）的特征做出鉴定。做此鉴定所期望达到的目的是：确定出某一具体区域在总分类系统中所处的位置，并判明对该区域而言具有典型意义的地方特征。相关信息的收集和对其进行初步分

析,通常旨在解决下列问题:

A. 分类

如欲依据自然特征进行分类,便应当对海岸带形态学特征(三角洲、河口、海湾等)予以研究;判明海岸类型(缓倾型、陡峭型等);查明海洋水文学机制的主要特性(潮水量、冰形成的可能性等)。

如欲依据生物学特征进行分类,便要判明环境类型(赤道类型、温带类型、极地类型)和构成海岸带该区段的诸群落生境;

如欲对人类活动进行分类,则要对海岸带利用者予以确认。在第一阶段,海岸带利用者不是作为一种现象,而是作为一个过程被确认的,即从他们对自然界或一些区域所构成的影响的角度来予以确认。例如:海岸带的都市化,被视为依靠营建居民住房、城市永久设施等方法而推进的区域改建过程;海岸带的娱乐休闲化,被视为对用于休闲与体育运动的海滨浴场予以的开发或保护;海岸带的捕渔业,被视为对海洋生物资源的利用;而海岸带的自然保护区,则被视作用于维持和保护生物多样性的机制,等等。更为详细的海岸带利用者分类(其中包括海岸带境内经济、自然保护和其他活动的具体区域的确定),建议在海岸带综合管理规划研制的较晚阶段、并在顾及诸单位利益的总体结构的情况下进行。

B. 问题分析

在对所有类型特征做出分析的基础之上,必须对那些**要求施行海岸带管理的问题**予以明确定义。通常可以将海岸带问题划分为三类。

1. 因人类作用而直接影响到当地环境所产生的问题。此类问题决定着:
   ◇ 环境的质量和环境构成组分(水、空气、水底沉积物、生物区)的质量;
   ◇ 岩界区域、水文系统、生态系统、景观多样的天然完整性;
   ◇ 海岸线的稳定性;侵蚀或堆积;
   ◇ 可再生或不可再生自然资源的状况。

2. 与自然现象相关的问题。此类问题会明显地影响到环境或人类活动,即:
   ◇ 水患;
   ◇ 火山活动;

◇ 海岸侵蚀；

◇ 海潮；

◇ 飓风和风暴潮；

◇ 地震海啸。

3. 海岸带发展进程中众多活动相互作用所产生的问题。例如：

◇ 与土地的使用(占有)相关的冲突；

◇ 因资源利用中的排他性所引发的冲突；

◇ 不清晰的(不明确的)管控。

C. 确认当事人

应当予以确认的，不仅是海岸带境内活动的直接参与者，还有一些因其所负责任或因其所涉及的利益关系而应当被吸纳到海岸带综合管理创建过程中来的一些组织、管理机构和经济部门。在行政管理范畴内，这便是指那些管理机构，或是联邦和地区一级各类部门的代表们。他们在各自的责任范围内参与与海岸带相关的规划设计、处置方案的制定与核准通过。在经济范畴内，则是指那些参与海岸带资源利用的(其中亦包括其地理位置不在海岸带境内的)组织、企业、个人或团体。在环境保护领域，这便可以是学者们、一些非政府性的环保组织、公民社团(一些小组、夏令学校)、国际组织等。

由于有了第一阶段的实施，故应当形成一份对海岸带的总体状况、对它的基本面貌与特点和问题予以描述的工作报告。在已经查明类别特征的基础之上，进行典型情况的调查，并对可行的管理措施予以分析。

第二阶段：相关管理单元的确认

这一阶段首先包括对处于该海岸带综合管理规划运作之下的海岸带边界予以确认。正如在第 1 章中已经指出的那样，海区与岸区的边界，可能会有较大范围的变动。海岸带区域的划定和将其划分为若干个管理区段，亦将会视规模的大小而决定。在全球规模条件下，通常不考虑对海岸带进行横向划分；在中等规模条件下，进行这样的划分，则是必需的；而在一些小型规模条件下，可以考虑的只是海岸带的一部分(如湿地、海滨浴场等)。在解决划界问题时，应当顾及在第一阶段曾被明确定义过的那些问题。划界问题的解决，应当与现有法律法规的基准规定相符合。经过论证而对纳入海岸带管理的区域进行选定,这在许多方面决定着可行性管理决策采用的范围。因此,对诸相干管理单元的确定,应当在海岸带综合管理系统内被作为促使海岸带运作总体策略发展的要素之一。

第三阶段:海岸带状况评估

被我们定义为"海岸带"的这个系统,其所有单元,均是相互作用的。为了使管理得以发挥作用,必须不仅要弄懂这些相互关系,也要确定哪些机制可能会对这些互动关系构成必不可少的调节作用。无论是研究这些单元本身,还是研究它们交互作用的过程,其可行的方法之一,便是要进行区域的划定。

区域的划定,作为海岸带综合管理的一种方法,其目的是要依据反映海岸带自然、经济或社会状态的各种特征而将海岸带划分出若干区域。它在不同的学科内有着广泛的运用范围,其中便包括自然资源利用领域。区域划定乃是对三种程序——绘制地图、绘制略图和分区的综合。地图绘制程序包括对数据的收集与加工,以便将指定单元的分布在选定的绘图底图上予以空间呈现。地图的绘制,通常是为一些有着不间断空间分布(深度和一些物理、化学特征范围分布)的特征而进行的,并以等值线分布图的形式呈现原始信息。若被分析研究的特征具有不连续性分布,那么,以略图方式来说明这一特征的表象,则是更为合乎规范。各种群落生境的分布、诸工业实体的位置以及其他一些数据,均可以略图方式予以呈现。略图的利用,通常不要求对在略图中呈现的诸单元予以空间内插。最后,在海岸带综合管理中,区域划定,可能会被与有着各种不同地域管理体制的区划联系在一起。此类区域划定略图,通常被人们称之为海岸带区划略图;而这一过程本身,则被称之为分区。作为海岸带综合管理手段的海岸带分区问题,将于第 3 章中予以详细研究。

区域的划定,有别于其他类型的数据形象化,其最主要的差异,是它所提供的数据的综合程度。区域划定——这是对某些经过概括的(综合性的)特征所进行的制图处理。这些特征是在对一系列要素进行比照的基础之上获得的。

一般情况下,区域划定程序包括:1) 数据的获取和利用一切所需手段对数据的空间分布予以分析;2) 将分析结果以综合性数据的形式、以方便需求者的方式予以呈现。第一项任务,通常是在对海岸带现状进行评估的那个阶段(即第三阶段)内获得解决；第二项任务，则是在第四阶段——"指标与指数"阶段获得解决。图2.1所示，即为实施海岸带区域划定第一阶段的总示意图。此时，进行区域划定的基础，便是先要将那些能最充分地(最大信息量地)反映出海岸带不同组分(即不同数据类别)状况的参数(从整个数据总和中)推导出来。参数的选取过程是"双向性的"。一方面，数据的存在会有助于使数据分类的选定更具理据性；另一方面，将整个数据总和按类别予以划分，也会使得可以遴选出对每一数据类别而言系信息量最大的那些参数。

附录1中列出更为详细的海岸带区域划定方案，该方案用于对海岸带现状的评价，并列出可以按照类别(按照标准)整合在一起的参数和数据的清单。在这一节中，我们将立足于对阶段进行概括性描述。那些将下列内容整合在一起的数据类别的划分，可以作为数据类别标准的样例：

◇ 自然地理描述；

◇ 生物组元；

◇ 社会—经济活动；

◇ 环境保护；

◇ 社会环境状况。

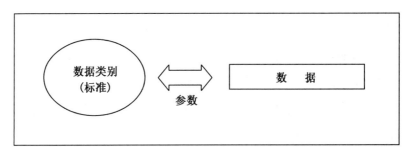

图2.1   海岸带区域划分程序第一阶段总示意图

自然—地理学数据类别，是将那些描述"海岸带"整个系统自然组元基本特征的数据整合在一起。这些数据，在海岸带综合管理的语境之下，对于理解环境的易变性并从这一易变性中将与人为负荷相关的成分划分出来，是必不可少的。

生物学数据类别，是对那些用于评估生物产能所必需的数据予以综合。其主要关注的是,最为综合性的(亦是最为复杂的)特征——生产效能。此外,这里汇集了与红皮书中收录的那些珍稀和受保护类动植物物种相关的信息。

社会—经济活动数据类别,是对描述经济发展水平特征的那些数据予以综合,并对各类自然资源利用者影响范围的空间分布予以确定。

与环境保护相关的数据类别,则包括有关对环境构成影响的那类数据和当前的一些监测数据。除此之外,这一数据类别中还包括对自然资源利用者与环境和资源之间的交互作用所做的研究。它们是以交互作用矩阵的形式被呈现出来的。

在社会环境现状数据类别中,列出的是有关社会环境发展水平的宏观经济指数数据,并顾及海岸带各类利用者之间现有的种种冲突关系问题。

第四阶段:指标与指数

这一阶段用于对信息予以压缩并以便于论证解决方案取舍的形式来简明呈现这些信息。该阶段便是要使在实施上述阶段时收集到的那些信息发生形态上的变化,并分三个步骤来执行:

◇ 依据参数内容和与之相应的数据设定指标(首先是生态学指标);

◇ 将指标转换为用于构建评定标准等级的指数;

◇ 在兼顾已测定出的指数的情况下,对相关管理单元予以定级和分类。

例如,在制定和实施与环境保护相关的项目时,为了评估这一项目带来的影响,首先必须查明现时中的生态状况与因实施该项目而可能达到的(即计划要达到的)生态状况之间的差异。换言之,必须对可能在运用调节机制以达成项目目标时产生的那些变化,予以评估。为此,对那些评价自然、生态或社会系统机制特性的观察与测定,应当用客观的、(较之参数)更为概括的、更为综合性的评估系统来补充。这一任务,可以通过对信息进行压缩的办法来达成。该方法的实质在于:从多样化的所有信息中,选取出数量有限的参数。这些参数被整合成更为集成的数据—指标;而这些指标又会被调整升级到能反映出诸相应指标变化范围的指数。

在选取指标时,必须注意到,它们应当:

◇ 具有被不同的当事人在解决提出的问题时所利用的可能。即诸指标应当不仅为该知识领域内的专家学者们所理解，也应为广泛的公众阶层、为管理和规划等方面的专业人员们所理解；

◇ 是可被调控的。即可以接受各种调节机制对其施加的影响；

◇ 具有量的体现。也就是说，或者是能被计量的（如果诸参数之一能被视作一个指标）；或者是通过利用数个参数而能被计算出来的。它们应当能够提供充分的、且于此后可被引证的现行情势信息。此类指标是将一个或数个参数的信息加以整合；

◇ 会在空间和时间方面发生变化，并可以与相应的一定空间或时间尺度相比照；

◇ 以可靠的（正式的）原始信息为依据。

可以指出，前两个要求，着重强调的是为海岸带综合系统提供信息的特色。这一点，让我们用评估海平面上升和海岸淹没危险的可行性指标的确定这一实例来解释一下。从自然环境领域专家的观点来看，可以选择例如风暴出现频率这样的数据作为这类指标。建立在对自然过程研究基础之上的这种逻辑，在此种情形之下，是足够明确无疑的：风暴情势出现的频率越高，风暴潮的危险性便会越大。不过，就海岸带综合管理的目的而论，运用这类数据作为指标，令人觉得是不恰当的。这首先是因为，在现今的技术水准之下，我们还没有能力切实影响天气过程；因此，这种数据是不能被调控的。从海岸带综合管理的角度来看，选择那种将风暴潮现象出现频率信息和海岸带境内楼宇与各类设施强度信息均汇总于一身的指标，才是令人觉得更为适宜的。在此种情形之下，便可能会出现另样的现象，即虽然受到自然灾害的强烈影响、但具有防护性水利工程设施系统的沿岸地段，可能会较之在自然条件方面较为"安稳"、但却未加防护的沿岸地段更为安全。在海岸带综合管理系统中，此类指标已经拥有更充分的理由可以成为必须采取措施保护海岸免遭水灾之患的决策获得通过的依据。有关各种风险的评估问题，将在后面加以较为详尽的分析研究；而在这里，我们仅侧重于这一问题的方法论层面。

如此一来，此类指标所具有的作用，从其在决策方案通过过程中的运用或其在公开审议时的运用的角度来看，便是基础性的。在海岸带综合管理的语境中，有三类指标通常会受到研究：

　　◇ 描述对环境构成影响的指标；

　　◇ 反映环境状况的指标；

　　◇ 评价对影响的反作用水平的指标。

　　指数，作为更为概括性的描述，反映着指标值的变动范围。原则说来，指数自身应当涵括有关种种影响的信息和有关对这些影响的反映的信息。为了制定指数，可以运用对原始信息予以编码处理的方法，即以某种代码（某种等级）形式来对指数予以确定。依据此类代码的度标，下列原则便可确立：

　　◇ 某一指标的值的水平；

　　◇ 被确定的指标是否存在（0\1）；

　　◇ 诸指标的百分比含量或相对含量（例如相对单位的含量）。

　　诸参数和指标的合并过程，通常被称之为综合。这一综合的使命，便是优化海岸带的分类与标准化，以期确定出海岸带综合管理中实施规划时所能取得的最大可能效果。图 2.2 所示，为信息压缩的一般流程图。此外，指数获取的示例，将在本章节结尾以专栏 2.1 所示数据为例，予以仔细研究。

图 2.2　海岸带区域划定数据压缩总流程图

　　实际上，确定指数时，必须尽可能使指定代码的程序形式化。例如，若我们打算推导出一个指数，而作为这个指数的基础的，是某一指标的变化程度，那么便可以建议采用某种形式化的代码度标 I：当 I＝1 时，指标被视为全时无变化；有年度性变化为 I＝2；有季节性变化为 I＝3；经常发生变化为 I＝4，等等。

专栏 2.1

西班牙环境影响评估时所采用的、受各种指标值制约的环境状况指数示例

1. 地貌与海底

指标:发生改变的地表所占百分比

I=(发生改变的地表/活动范围的整个地表)×100%

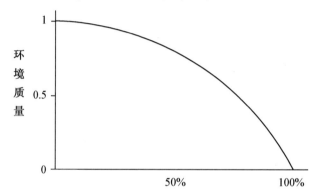

2. 透明度

指标:塞氏盘能见度消失的深度(米)

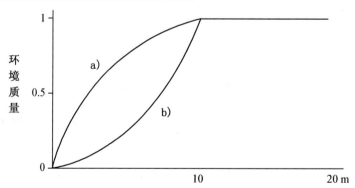

图中:

a/——开放式海湾;

b/——封闭式海湾。其入海通道不超过其总周边长度的20%。

资料来源:由 B. 伊万诺夫依据其在西班牙加的斯大学听取的实施欧洲联合项目《海岸带综合管理的教育与实践拓展》(T_JEP - 10814 - 1999 ТЕМПУС/ТАСИС)学生动员会演讲资料整理而成。

海水质量指数,可以作为一种在实际中被运用的指数的范例。这一指数的确定,取决于海水中某些被列入规定表单中的化学和卫生—流行病学指标的含量多寡。我们在这里不去深究测定海水质量的各种方法的细节,但要指出,在此种情形之下,水体质量指数包含着经过归纳的信息,并且通常是用某种类级(代码)来测定的。

指数与指标一样,对吸引广泛阶层的公众和社会组织参与海岸带综合管理过程,均具有极为重要的意义。为了能对一些可行的决策方案的获得通过做出相应反应或参与此类方案的研制,社会各界便应当拥有客观的信息;并且这是一个十分显见无疑的事实。不过,此时亦完全不必让民众承担那些他们没有义务承担的、与科技分析手段的运用相关的职能。这类职能在该种情形之下,是专业工作者的特权。公众所应当拥有的,是经过归纳的、以简要和为其所能理解的形式予以表述的信息。因此,重要的是:应使经过科学论证的等级和代码,能够与为广泛阶层的公众所理解的推介信息相比照。例如,就是上面提及的海水质量指数等级,也是可以被用来与浴场海水利用条件相比照的(例如,依据海水质量的某一等级,便可以决定是否准予浴场开放、有限开放或禁止开放)。因此,指数与指标不同,不仅承载着有关海岸带组元状况的信息,亦常常为决策方案获得采纳提供着某些机会。如此一来,信息压缩过程便亦是一种信息保障过程。这种保障的目的便是:确保经过科学论证的决策方案获得采纳。

在不同的国家中,一些综合性指数的确定方法,可能不尽相同;这便会给在海岸带综合管理范围内妥善安排国际合作造成许多困难。由不同国家的法律所确立的不同的标准,其差异可能不仅是指标的量值,亦会是指标的构成。在这种情况下,如果要对海岸带现状或变化所做的评估予以比照,那无疑就会变得困难起来。研制并采纳统一的海岸带综合评价欧洲度标,当是已经成为欧洲境内海岸带综合管理国际一体化发展的重要一步。

专栏 2.1 中所示,为确定环境质量数据的两个样例。这是西班牙在评估对环境所形成的影响时采用的一些方法。在这一语境之下,这些数据可以被解释为受到一些参数制约的指标。描述受到各种参数制约的环境状况指标,其较为完整的清单,列于附录 2 中。与未被扰动的(标准的)环境相对应的,是相等于一个计量单位的指标值。人类影响会导致环境的恶化，这会在被选定作为参数的指标的值中反映出来。指标值与自然环境个别组分的质量指标之间的关系，通常是以图形或表格的形式予以定义的（详见附录 2）。环境个别组分的质量（如浴场水质、水利事业用水质量、海滨浴场区域的海沙质量，等等），其指标是具有弹性的。这使得可以建议采用能反映出自然环境个别组分变化的、以平均（或加权平均）指标值形式表现的、较为概括性的数据，作为环境综合性指数。海岸带地段可能会遭遇到数量众多的影响，但是，如若所有这些影响均是相当微弱，则环境恶化的总体效应，将会是不明显的；与此同时，若是严重的影响，即便仅有一次，也可能会导致环境质量的重大恶化，这一恶化将表现为环境综合指标的实质性下降。且环境的"较为恶化"或"较为优良"这两类概念，通常会获得量化的表示。上述专栏所引用的资料，系由俄罗斯国立水文气象大学学生 В. 伊万诺夫依据其在西班牙加的斯大学听取的实施欧洲联合项目《海岸带综合管理的教育与实践拓展》（T_JEP－10814－1999 ТЕМПУС/ТАСИС）学生动员会演讲资料整理而成。

第五阶段：信息网络的构建

海岸带综合管理诸项目标的达成，其信息支持，是一项要求利用现代计算机手段的重要任务。目前，这一重要任务的解决，通常是基于所谓的 ГИС 技术。所谓 ГИС，这便是计算机地学信息系统的缩略语。此类系统包括一些数据库和一些程序产品，可用于对数据本身进行显示、分析以及对海岸带境内发生的各类过程进行模拟，使得能够对数据库内存储的或在日常监测过程中获取的数据予以掌握。地学信息系统通常具有地理定位和适用于一定的区域。地学信息系统可以用于海岸带状况评估、海岸地区发展规划、决策的采纳、工程任务的设计与处置。地学信息系统技术的利用与互联网的结合，为提升公民的信息化和将其吸引至管理过程中来，营造出种种良机。以应用于海岸带综合管理为定位的地学信息系统，其信息量应当是最大限度地丰富，其内容应当是跨学科性的。因此，最为理想的是，应当使海岸带各类活动方方面面的人士均参与到这类系统的信息支持中来。这些来自不同方面的人士，应当会保障现有信息的数据库能定期获得补充。地学信息系统应当易于利用和有助于管理工作人员，即参与管理过程的人们对实际管理过程中经常出现的下述五个典型问题获得精确的解答：

◇ 谁是签署人？

◇ 谁是真正的决策者？

◇ 谁是(技术与信息)支持的提供者？

◇ 谁是支付者？

◇ 谁是执行者？

在海岸带综合管理中,地学信息系统不仅被视作支撑科学研究的一种工具,亦首先是决策方案的研制与采纳的工具。

第六阶段：总体规划(综合措施规划)的筹备

对海岸带的管理,应当依据地区发展战略某一计划框架内既定目标与优先事项来实施。因为这一缘故,功能性的管理格局,势必会被作为对一个区域性单元的管理来建构。为此,便应当制定一个具体措施方案,或者如同被西方专家惯常称谓的总体规划。这也正是海岸带综合管理筹备阶段的最终成果,其宗旨便是要使海岸带综合管理活动得以实施。总体规划是对先前所有阶段的归纳,并包含着一系列有关实施海岸带综合管理系统构建措施的提案。这还不是具体的行动方案(Action plan),因为,为了使这些提案成为行动纲领,尚且需要对它们予以确认。一般情况下,总体规划应当包括：

◇ 对问题的鉴别和对解决问题的先后次序予以确认；

◇ 对引发这些问题的原因予以分析；

◇ 对处于规划影响之下的地理区域予以确认；

◇ 对适合于解决这些问题的管理运作予以鉴别(确认)；

◇ 对执行规划所必需的组织架构与诸项行政程序予以确认；

◇ 为规划的完善创造条件。

应在总体规划中予以精确表述的前两类事项,通常是以生态审查和生态状况调查分析数据为依据。实际操作中,通常是难于一次性地对所有问题均做出详尽的分析研究。因此,必须要确定出解决这些问题的先后次序。为此便需要选定评判标准和确定：该问题是否为自然问题,或是否与人类活动影响相关？然后,必须判明那些基本的(主要的)因果关系和查清那些需要刻不容缓地施加管理的因素。此时必须指出：解决问题的优先次序的确定，其本身便已是对接下来的管理运作的规划极为有益；因而，它亦是一项其重要性和益处不亚于管理机制的研制的任务。解决问题的优先次序的确定，既需要进行大量的交涉，亦需要运用各种技术手段。

管理行为应当被"打包"整合成可行的、预防性的（超前型的）运作。并且，在管理过程中受到研究的海岸带不同类型利用者群体之间的相互关系，应当得到全面的分析研究，不论他们是否系经济过程或管理过程的参与者。

切合实际的海岸带综合管理规划，应当建立在对一整套既定管理机制的运用之上。这些机制，与经济政策的发展、法律的调整、种种诱因（动机）、信念、规划、科学研究、监控的组织等相关联。对这些机制予以认定，构成总体规划第四项任务的内容。

"试水项目"执行机构的成熟，会成为令管理活动提升高度的一种有益办法。此时，具有管理作用的一些方法和运用这些方法所产生的效应，均会在海岸带局部地区条件下得到研究。试水方案的执行，会使"有益经验"得以积累；而对这类积累起来的经验，则又可以加以总结并推广至其他一些地区。

协调机构（总体规划第五项）可以具有各种各样的组织形式：

◇ 协调责任可由新设的或已有的管理中心机构来承担；

◇ 管理中心机构可被其他一些机构用来解决冲突；

◇ 委派机构（部委或行政管理局），可组建行业间的委员会；

◇ 可以组建跨行业的执行委员会。

此外，最后的、也是时常会被忘却的一个任务——为了规划的完善而创造条件，亦是十分重要的。因为所有过程，均系动态化的，故必须将所有当事人均吸纳到公众舆论信息收集系统中来并为规划执行进程的商讨及规划的校正创造种种机会，以期使效率得到优化和提升。在这一过程中，对公众舆论的分析，应居有重要的一席之地。

判明拟议实施的规划是否与联邦的或地区性的目标规划、区域战略发展计划、政府间现有协约等相符合，应当成为总体规划研制准备工作的重要一环。这一问题的清晰明朗化，是必不可少的；其中亦包括确定用于完成规划内具体项目

的资金可能来源计划的清晰明朗化。图 2.3 所示,系解决在总体规划筹备框架
内拟定的目标是否与区域发展战略任务相符合问题的预备工作流程示意图。

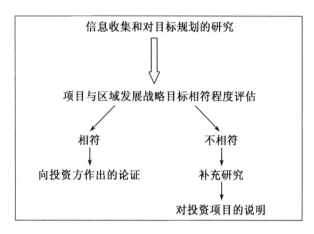

图 2.3 解决总体规划与上级管理机构确定的海岸带地区发展战略目标相符
合问题的准备工作流程示意图

显然,当事态沿着必须对海岸带利用的可行性予以补充研究的方向(即沿决
策树右枝)发展时,倡导对现有的发展计划、目标规划等等采取一些修正措施,便
成为构建海岸带综合管理系统的任务之一。

2.2 海岸带综合管理规划实施主要阶段

目前,旨在研究与开发俄罗斯联邦海岸带的极其多样的方案,其实施经验的
积累,已是相当的丰富。这些方案,通常与一些科研工作、水利建筑、区域规划相
关联,亦与其他一些实用类任务的处理相关联。然而,在大多数情况下,就其问
题所涉及的范围而论,这类方案尚是以行业原则为基准。因为,这类方案的实
施,其宗旨通常是为了使个别一些行业或行业群体得到发展而欲达成某些目标
或完成某些任务。当然,种种现实的要求,决定着规划和方案实施的系统化方法
发展的必然性。这反过来亦决定着跨学科化的发展的必然性。不过,即便如此,
大多数情况下,对那些被有条件地划归为不同知识领域的种种过程的关注,一如

既往,常常或者是以对影响予以评估的形式,或者是从适应那些被视为外在过程的角度而受到人们的考量。在海岸带综合管理的语境中,海岸带是一个统一的自然、社会和经济系统。因此,所有这些过程,诚如前一章节中已经指出的那样,均应受到共同的分析研究。考虑到俄罗斯在实施海岸带综合管理规划方面经验不足,故,在兼顾国际经验的同时,对此类综合性规划的筹备、启动和实施方面的具体行动的某种规则系统予以仔细研究,便显得是适宜的。

依据奇钦-赛恩所见(见引用文献目录-15),可以对四个主要步骤予以研究。这四个步骤,是为了使海岸带综合管理规划得以实施所必须履行的。履行这些步骤的顺序,在不同的国家中可能会有所不同;因为它应当与当地的经济、社会和法律条件相符合。严格说来,这些条件是必不可少的,但并非总是充足的。我们将研究一个理想的(范式的)情景并列举出一些能够导致行动开始的可行的具体行动事例。当然,海岸带综合管理规划的实施,应当以海岸带综合管理方法论为依据。因此,前一章节与本章节所述内容之间,有着十分紧密的关联。叙述中存在的差异如下:在前一章节中,我们试图回答"为什么"的问题,那么在本章节中,主要的问题则是:"应当做什么"和"应当如何做"。

步骤1:海岸带综合管理规划的发起

实施管理行动的必要性的判定。在海岸地带实施这一行动的必要性,可能是由恶化了的环境状况(尤其是海洋环境的恶化)、海洋资源利用环境的改变、与海洋活力相关的新的经济机遇的出现、政治和法律范畴内的一些变化(国际协议、协定等的签订)所决定的。

组织关键性的行业管理机构与海岸带利用者进行协商性会晤,以便确认问题的存在,或者是确认海岸带利用的新的可能性的存在;而接下来的便是:确认实施综合性管理的必要性的存在。

拟制表述基本思想的文本(会晤报告、决议案或其他文件),以阐明(表述)推行海岸带综合管理系统的必要性。

组建一支研制海岸带综合管理规划的团队。

步骤2:海岸带综合管理规划的研制

收集有关自然—地理、经济和社会诸项参数的数据资料以及有关法律基准、有关联邦和大行政区（或受到问题或机遇规模制约的局部地区）在拥有海岸地带之区域的发展目标信息，并在此基础之上，对海岸带现状予以评估。

研制吸引公众参与海岸带综合管理过程的计划。

对潜在的管理目标予以分析（术语所谓：对原因、作用、后果予以分析）；对海岸带发展的资源予以评估。

在兼顾到技术、资金和人力诸资源的情况之下，确定解决问题（或发展方向）的优先次序。

对发展所面临的种种新走向的可行性，予以评估。

对相应的管理区域，予以确认。

对各种各样的（对该地区而言亦可能是新式的）管理机制和方法的可利用性，予以研究。这类机制与方法，可能被用之于海岸带综合管理过程（如区域的划定、协调机制的强化、市场关系的运用，等等）。

对组织工作方面的种种可能性，予以分析与评估；详细制定国家管理机构可能参与规划的建议；对部门之间的和垂直关系的协调机制，予以细部规划。

就可持续发展的目标、任务与战略的确定问题，详细制定建议（这一时段通常由几个阶段构成：无论是总体发展还是环境保护，均要对其全球性的、区域性的和行业性的目标，予以确定；对诸项任务，予以明确定义；拟定出可供选择的发展战略；对最佳战略，予以选定与评估）。

就有关将各种不同的项目（包括行业类项目）纳入海岸带综合管理规划的问题，拟定议案。

研制相应的监控系统和规划执行的评估系统（即执行指标）。

步骤 3：海岸带综合管理规划的正式通过

对履行海岸带综合管理规划所要达成的目标与任务，以及对必须执行的管理战略，予以讨论与通过（这些管理战略，是以海岸带行动策略的形式被明确表述的。该策略旨在对行业管理予以协调）；对海岸带综合管理规划中所包括的诸项目的首批清单，予以确认。

对国家管理参与机制，予以确定（或完善），其中包括研制（或强化）平行和垂直协调机制。且在规划阶段，平行一体化尤为重要；而在执行阶段，则是垂直体化特别重要。

对海岸带管理的原则与政策、海岸带边界、区域划定示意图等，予以确认（可能会以法律文书的形式）。

对国家管理的组织结构，予以一些变更（如果有此必要）；进行干部的选配。国家管理在海岸带综合管理中发挥着三重作用：在决策通过过程中的特殊作用；法律保障作用（即对法律、法规、标准、仲裁执行情况的监督）；与基金分配和补助金的提供相关联的市场作用。

对海岸带综合管理规划的预算和拨款制度，予以确认和实施。

因为对海岸带综合管理系统的实施来说，关涉项目拨款这一点，是具有原则性意义的，故我们将对此问题做较为详细的讨论。就海岸带综合管理而论，有三类财务支出是很重要的：1. 用于行政支出、计划和信息系统的开支；2. 用于基础设施的拨款和用于污染监控的开支；3. 用于构建保护区所采取的环保措施的开支。

海岸带综合管理领域内的经理人的任务，在组织拨款时，将会受到开支类型的制约。就最佳的（模拟的）情形而论，可以提出如下几个有益的建议：

1. 在确定拨款来源时，海岸带综合管理的经理人必须对资金来源和从各种不同预算中获得的拨款数额具有精确的、形成文献的描述；否则，那种对获取支配地位极感兴趣的部门（代理机构），便可能会承担所有经费，意欲为自己获取特别的（就资金利用的共同目的而论是不具备充足理由的）优惠或利益；

2. 从海岸带利用者那里征收的税费或借助类似的经济机制收取的其他一些资金，在对其使用予以规定时，海岸带综合管理经理人应当预先规定这些资金是可以用来完成为海岸带综合管理所必需的那些观察与测量工作，也大体上可以将其用于海岸带综合管理规划的资金拨付。相应地，海岸带综合管理经理人自己，亦将会在执行规划过程中利用部分此类资金。此时重要的是：应使这些资金的利用，是在与当地行政部门和其他代理部门（行业）协商一致之下进行。并且，节约这些资金，意在将之投入到基础设施的发展和其他一些必不可少的服务设施，以及为了使由国家预算中划拨用于海岸带管理的费用减少至最低限度，这亦是海岸带综合管理的经理人的任务之一；

3. 土地储备与保护总量的提高,可以通过将土地转让给附带一定条件的私人(终生)占有的办法来达成。这是目前在西方一些国家广为流行的运作。吸收经理人参与对土地转移为私人占有的特别条款(例如,对位于被转出土地之上或附近的历史与文化遗迹负有保护之责、土地的专项用途,等等)予以确认,通常是必须为之的。对私人资金的吸引,可以通过各种不同"生态群体"的利益关系或借助由经理人提议(制定)的其他一些方法来实现。由此构建起来的基金,可能是混合型的,既有私人资金,亦有国家资金。土地的封存与保护,若是那里拥有历史与文化遗迹、珍稀动物等,便亦可以依靠推行此类地区的有偿观光而获取的资金来实现。

步骤 4:海岸带综合管理规划的执行

政府机构会于此阶段开始行使对海岸带综合管理过程的发展和诸项目实施情况的监督。

一些新的协调机制被启动;或者对已经存在的一些协调机制予以精细化。

某些行业性管理部门,继续对本行业的一些规划实施督导,但已是将其作为海岸带综合管理的更为总体性的规划之一部来督导的。

一些旨在利用海岸带发展新机遇的专项项目得到研制。

海岸带综合监控和诸设计方案执行情况监督程序,开始运作。

接下来,海岸带综合管理过程依照标准化管理流程进行:分析监测结果、制定有关计划完善(计划调整)方面的解决方案、为了执行已经调整的方案而创议一些新的海岸带综合管理规划(即步骤 1 中所涉及的内容),等等。

2.3　海岸带综合管理规划的管理

海岸带综合管理——这是一个旨在使海岸带诸关系和谐化的管理规划。然而,这一规划与任何一种有组织的活动一样,亦是需要予以管理的;因此,在海岸带综合管理框架内,便有两项管理任务要去执行:对海岸带的管理和对管理规划本身的管理。依据联合国教科文组织有关海区和海岸地区综合管理指南(见引用文献目录-21),对海岸带综合管理规划本身的管理,其流程可以表 2.1 的形式予以描述。

表 2.1　海岸带综合管理规划的管理总流程

诸方面的投入	规划实现阶段	规划工作分期	规划活动内容	规划工作成果	管理方法
诸触发因素;过去和现行的解决方案;外部影响	启动	海岸带综合管理规划的启动	分析海岸带综合管理所需要求; 确定管理界线; 筹备撰写倡导海岸带综合管理的提案。	提出推行海岸带综合管理准备阶段的提案。	启动实施对海岸带的综合管理。
行业问题的确认	规划	筹备行动	确定海岸带边界; 确认行业和行业间存在的问题; 就总目标与任务提出建议; 制定环境保护战略; 对短缺信息予以确认; 对财务组织要求予以确定; 制定海岸带综合管理发展观念与总规划。	制定出海岸带具体地段综合管理发展规划。	将海岸带综合管理系统作为一个经常性的和长期性的过程而予以接受。
行业分析与预测		分析与预测	采集短缺信息; 分析自然与社会经济系统; 对未来需求予以预测; 研制行业间发展设想方案和选定诸发展设想方案的基本样式。	提出可供选择的发展设想方案。	
行业目标与战略的确定		目标与战略的确定	为海岸带综合管理发展的总的(行业间的)目标与任务提出建议; 准备可供选择的战略,其中包括法律依据、财务支出和组织保障; 评估与选定发展战略。	制定出海岸带发展战略规划。	对海岸带发展战略目标与任务予以认可。
行业规划		诸细部计划的综合	海岸带利用者的确认; (法律、财务、组织)执行程序与(环境影响评估、区域划定等)方法之议案的提出; 诸执行阶段的确定; 《措施计划》的编制及就此与管理机构负责人的商讨。	制定出总体性措施规划。	对《行动计划》与相应的海岸带政策予以核准。

（续表）

诸方面的投入	规划实现阶段	规划工作分期	规划活动内容	规划工作成果	管理方法
行业规划与行动策略	执行	诸规划的执行	海岸带综合管理系统的实施；为监控目的而对海岸带发展予以经济、生态、社会评估；调整组织结构以适应海岸带综合管理	对环境影响做出评估；对经济效益做出评估。	确定对海岸带发展的监管方法。
行业监控		监控与监督	查明行业间存在的问题；就协调机制的完善提出建议。	对海岸带综合管理成果做出综合评估。	完善与发展海岸带综合管理系统。

　　诚如由表 2.1 得出的结论：两份假设名称为"战略规划"和"总体性措施规划"文件的获得通过，便是规划阶段完结的标志。战略规划不必是十分细化的。通常，它应当对下列问题予以分析：海岸带该地段的人口增长、经济结构、社会伙伴、陆上和海上的主要利用者、基础设施的诸项指标、生态体验区域、环保要求、发展优先次序、管理结构的组织原则、法律与财务要求。战略规划的任务，便是要使管理者能够接受海岸带综合管理的最终战略。这一任务的实现，应当在综合性措施规划（Integrated Coastal Master Plan）中予以阐明。

　　综合性措施规划的研制与获得通过，是在海岸带综合管理规划的执行阶段进行的。其任务是：对在战略规划中提议的海岸带综合管理战略，予以详细研究。行动计划（Action Plan）中，包括一些方法与行动——借助这些方法与行动，该战略方可以得到实现；亦包括在实施已采纳的海岸带综合管理战略进程中可能在海岸带出现的一些问题。

　　我们已经对可促成海岸带综合管理规划形成的一些基本运作与举措进行了研讨。不过，诚如已经指出的那样，因现有的地方条件、传统及其他一些因素之故，这些运作的完成，并非总是可以意味着海岸带综合管理实际实施的开始。就海岸带综合管理方面的专业人员而论，创造性的工作态度与主动精神的体现，是必不可少的。重要的是，应使海岸带综合管理的经理人不要机械地执行既定的行动规则，而要去尝试创造性地运用已经积累的经验。

第 3 章

3

海岸带综合管理系统中
运用的机制与方法

可用于海岸带综合管理的各种机制,其范围是广泛的。它们能否被采用,将取决于具体的任务、问题与条件。被用于海岸带综合管理的这些机制,可以细分为行政、社会—经济和技术等类别。这种细分是有足够条件的,因为,一些最为通用的方法,可能会包含着应当被划归于不同类别的诸多元素的组合。例如,环境影响评估这一普遍采用和广为流传的方法,便包含着行政手段(由政府倡导的)、社会手段(对公众的吸引)、技术手段(观察数据的利用)的成分。不过,本书中所推荐的分类方法,使得可以依据大体上系为组织管理而研制的一般性的组织理论原则来展示海岸带综合管理发展诸方法的同与异(见引用文献目录- 11)。

众所周知,对任何一种组织(或企业)实施的管理职能,均可以某种体系化的职能结构予以描述。管理职能,通常表现为某种基准性的一整套具体管理职能。每一项具体的管理职能,均包括对一些一般性管理职能的履行。归入此类一般性管理职能的有:计划、组织、推动、协调和监督。每项一般性管理职能的履行,均要求执行某些规定的程序。在组织理论中通常认为,这些程序中最为重要的是:决策的制定、决策的核准、决策实施的准备、决策执行的协调与组织。为了执行这些程序,通常要进行涉及范围十分广泛的一整套运作。不过,这一整套运作并非是包罗万象的,而是受着具体的行动范畴的制约。

现在让我们依据组织管理学理论的一般性原则来研究一下海岸带综合管理的职能结构。海岸带综合管理的管理职能,会包括一整套具体的管理职能。可以划归此类的,例如国家一级的区域性管理、对海岸带综合管理规划的管理和对海岸带综合管理分支机构的管理(若此类分支机构存在的话)。为了实现这些具体的管理职能,诚如第 1 章中指出的那样,一整套一般性职能的悉数运用,便是必不可少的。对本章节中所研究的那些海岸带综合管理的机制与方法,可以在海岸带管理职能结构的体系框架内,将其作为要求实施一整套规定性运作的某些程序来审视。这一职能水平的高下,与决策的研制和采纳的运作方法有着直接的关联,因此,它对于实际运用具有特别的意义。此外,它亦是制定海岸带行动正确策略的一个极为重要的方面。

可以提请注意:在一般性的组织理论框架内对海岸带综合管理予以详尽研究,尽管并非本书所涉内容,但对海岸带综合管理组织结构的设计而言,亦可能会是十分有助益的。

3.1　行政方法

　　各级政府(不同级别的行政当局)通常可以利用各种途经促进对海岸带综合管理行动的管理与协调的完善,其中包括精神与财政的支持、科学研究方面的支持、信息收集与传播方面的协助,等等。有关吸引和安排国家管理机关参与海岸带综合管理的必要性,已经在第1章中研讨过。在本节中,我们将对一些可能适宜被用来完成海岸带综合管理任务的方法,予以更为详尽的关注。

　　行政方法的实际运用,通常包括一些具有政治性质的行动。此类行动,决定着作为国家或地区性目标的海岸带综合管理发展战略。可以划归为行政方法的还有:一般性的指导文献、规程、条令或其他一些较为具体的规范类文献的制定(或制定此类文献的倡议)。此类文献的制定,通常不需要进行广泛的研讨,而是由国家部委或其他一些管理机关颁布命令即可。可以归入此种一般性指导文献之类的,例如,经营执照和许可证颁发程序的确定、实施生态评估的人员构成与观测方法、区域性环保标准。国家机关的重大投入,通常会被用于国际合作的开展。现在让我们来分析研究一下一些行政性的(即与国家各级管理机构的积极参与相关联的)方法。这类方法通常可能会被有效地运用于海岸带综合管理系统的研发之中。

3.1.1　海岸带行动策略的研制与采纳

　　海岸带行动策略(Coastal policy)的研发,是海岸带综合管理最为重要的方法之一。此种方法应当得到诸管理机构的支持。海岸带行动策略,一旦获得国家管理机构的认可和采用,便会成为一种切实可行的机制;反之,就仅仅是个需要自证的政治或科学观念。海岸带行动策略应当获得国家机关支持的另一个理由则是:海岸带综合管理系统中那些经过科学论证的、旨在实现海岸带发展总战略目标的决策,其研制与采纳的依据,正是这一行动策略。被予以精准定义的海岸带行动策略的缺乏,那便意味着缺乏明确的海岸带具体区域发展战略目标;进而亦意味着为了克服某些问题而采纳决策的过程,其评判标准是模糊不清的。
正是因为对解决这类问题的优先次序缺乏理解,才使得那些对海岸带所有利用
者的利益而言系共性的问题不能够被辨识出来。如此一来,在行动策略缺乏的
情形之下,管理便带有唯意志论的性质,且其非但没能促成海岸带各种资源利用
者关系的和谐化,还可能会造成负面效应——令此间的冲突加剧。

　　依安德森所见,"行动策略——这是与问题的解决有干系的诸参与者所履行
之行动的意向性方针"。亦可以将行动策略定义为,旨在采纳决策时对备选解决
方案做出抉择的行动指南。我们已经定义了海岸带行动策略,即其系对海岸带
发展的协调和对诸行业战略的管理。图 3.1 所示,系行动策略在制定海岸带发
展战略的总过程中所发挥的作用的图解。

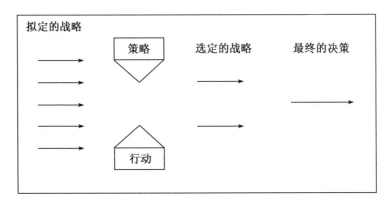

图 3.1　行动策略对战略采纳过程影响图示

　　行动策略的实施,既可以借由政府代理机构及其合作者之力来实现,亦可由
非政府组织来实现。行动策略通常在目标设定的层面上与规划相类似,即双方
均着眼于未来。规划可以被视作实施行动策略的实际步骤之一。可以有条件地
做出如下定义:行动策略,这就是战略;而规划,则是为执行这一战略的行动所做
的策划。行动策略与通常的规划之间还存在着一个差别,这便是吸纳广泛阶层
的民众、私营经济门类等等参与其中的程度不同。行动策略作为一种行动纲领,
要求须有一个磋商的民主过程,由此亦便要求广泛吸引社会不同阶层参与这一
策略的研制。规划就其本身而言,则要求更为专门的技术(技能),因此,对它的

研讨，势必基本上是在规划方面的专家之间进行。民众未必有能力对规划专家们所进行的计算与评估、对进行规划时一些特别的、职业类方法的运用做出专业性的评价；未必有能力对信息的可靠性和已制定出来的计划的可靠性做出评估。

由于海岸带是个非常复杂的自然和经济—社会系统，故不应急于立即构建起一个完整的海岸带模型和制定出无所不包的行动策略。十分明智的做法是：从制定旨在解决那些具体的和本海岸地带最为迫切问题——减少污染、减少自然灾害的后果、鱼类资源储备的维持、海滨浴场的保护等等——的行动策略入手；以及对诸如行动策略进展步骤（step by step）之类的行动策略形成过程，予以深入研究。这在某种程度上关涉到我们的知识和现有财力的局限性。

在海岸带策略研发中，那些对不同国家的海岸带综合管理系统研发经验予以总结和旨在研制解决海岸带综合管理问题基本方法的国际文献资料，发挥着极其重大的作用。欧盟委员会向欧盟理事会和欧洲议会提出的议案——《关于海岸带的综合管理：欧洲战略》（2000 年 9 月 27 日于布鲁塞尔通过），便可作为此类文献资料的实例。这份在欧盟创议框架内制定的文献，是以《欧洲示范计划》在 20 世纪 90 年代实施过程中所积累的经验为依托，其中包括大约 20 项试验性项目的实施。被选定作为实施试验项目的欧洲各不同海域的海岸带地段，其自然、经济和国家条件，均各具特色。这一示范计划的实施，具有两个基本使命：其一，为研制统一的欧洲战略积累并进而总结经验；其二，展示海岸带综合管理具有解决具体的地方性难题的潜能。诚如这份文献的第三部分中所指出的那样，海岸带综合管理研发领域的欧洲战略，其基本要素应当是：

◇ 发挥欧盟各国家层面的以及区域性海域层面的（at the "Regional Seas" level）海岸带综合管理范畴内的积极主动精神；

◇ 在欧盟框架内研制适合海岸带综合管理方法论要求的行业战略与立法；

◇ 推进欧洲海岸带利用者之间的对话；

◇ 推广海岸带综合管理领域内的有益经验；

◇ 支持关涉海岸带的诸基础学科的发展；

◇ 传播信息和优化民众知情度；

◇ 践行战略。

这份文献,反映出欧洲海岸带综合管理在其实际运用语境下的基本发展走向。该文献中每一章节所涉及的课题,均受到详尽的判读,并指出了需要在海岸带综合管理框架内加以解决的那些具体问题。就欧洲海岸带可持续发展而言,其至关重要的问题,诚如该文献中所称,当属发展海上运输;确保渔业生产稳定;改善水体质量,其中包括制定海滨浴场水体质量标准;预防海洋污染和与陆地源头及排污水相关的污染;解决压载水的清洁和预防外来物种侵入欧洲海域的问题;必须制定农业发展战略。该文献中引用了欧盟委员会颁布的有关各类规范性文件与指令,此类文件与指令定义出那些可行的调控机制。该文献最为重要的特征是:它所诉诸的,不唯是已加入欧盟或现为欧盟候选成员的那些国家,亦是所有在欧洲大陆拥有利益的国家。因此,那些不具有直达海岸通道的国家,显然也是应当参与到海岸带综合管理过程中来。如此说来,海岸带综合管理发展的全欧战略,其基本原则之一便是:所有欧洲国家,不论其政治现状或地理位置如何,均应参与这一问题的解决。作为吸纳尚未加入欧盟的诸国参与全欧洲海岸带综合管理过程的机制,建议在与"区域性海域"相关的规划(见上述要素第 1条)背景之下,发挥海岸带综合管理领域内的积极主动精神。在实际操作中,这往往意味着可以在欧盟创议的语境之下实施海岸带综合管理发展规划。例如,可能成为波罗的海海岸带综合管理发展规划参与国的,就不仅是构成该地区成员的欧盟诸国(德国、芬兰等),亦可能是包括俄罗斯联邦在内的其他一些国家。

3.1.2 立法

立法是海岸带综合管理系统研发的法律基础。在俄罗斯国立水文气象大学采用的海岸带综合管理专业培养体系中,海岸带综合管理系统的法律支持,是被设置为一个单独的课程而予以研修的,因此,它构成了一本专业教科书的内容。法律可以是各种级次的:联邦级次的、区域级次的和地方级次的。立法所应当确保的,首先是管理的垂直渠道的具备和各级管理的一体化;因此,作为海岸带综合管理的一种机制,此种立法最为重要的特征便是:所有各级政府的立法提案,均具有一致性。

海岸带综合管理领域的立法,应当对政府为其执行与海岸带相关的行动和行为而向合作者所承担的责任予以规定。其中,立法过程应当经由议会的实际运作来实现,并在关涉海岸带的诸项专门立法(或法令)的通过中得到体现。法律获得通过之前,会进行议会和民间的广泛讨论。因此,应当将这一立法活动视作一个长期的和持久的过程,它涉及政府和社会间的互动、其宗旨是要实现政府或主要政党所宣示的一些目标。然而,应当指出,由于一些新法律的立法准备工作通常需要巨大的费用(其中包括财政支出)和延聘专家参与等,故在某些时候,便会产生规避研制新法律的意向。

立法在行动策略的研制中,履行着一系列的功能,特别是在海岸带发展基本观念的解读方面,以及在基本目标与任务和指导性原则的研制方面,更是如此。除此之外,立法的使命,便是确立可持续发展的诸项原则,这首先包括:

◇ 对待在海岸带从事经济、经营和其他活动的参与者的公平原则;

◇ 预防性措施原则。这一原则在里约热内卢环境与发展大会宣言中被采用,并确定:"在一些严重的和不可逆的转变所带来的危险业已发生的情况下,充分的科学论证的阙无,不应当成为拒绝采取预防环境恶化有力措施的理由。"

立法可以被用之于海岸带界线的确定和借此解决海岸带区域划界问题。

立法的完善,对构建海岸带综合管理组织结构而言,实系必不可少。新的代理机构的设立、它们的权限,均应当经由法定的现行程序予以确认。即便在新的管理机构尚未组建起来时,对责任与职权方面发生的分配变更,亦应当在相应的法律文献中予以明确。

编制完成的海岸带综合管理方案,只有当其以立法形式被确定下来时,才会具有法律效力。

立法通常会对海岸带资源利用和土地开发执照、许可证的发放程序予以规定,由此亦会对海岸带综合管理其他一些机制的允许运用范围,予以规定。

如此说来,立法便是使海岸带综合管理整个系统悉数合法化的依据;而为了有效利用各种法律机制,则要求对现有立法基准予以持续不断的完善。

遗憾的是,在俄罗斯,海岸带综合管理的发展进程,落后于欧洲总体水平。导致这一滞后的主要原因之一,便是关涉海岸带综合管理的基础性(初级的)立法的缺失。因为,为了使各不同级别的立法创议能够相互协同一致,故在俄罗斯联邦境内同时进行联邦性的和区域性的(地方性的)海岸带综合管理系统的开发,便是非常重要的。在俄罗斯现行立法中,海岸地带尚不是一个法律概念,因此,目前对海岸带施用的法规,是适用于整个俄罗斯联邦领土的通用性法规文献(诸如建筑标准、规则和其他一些文献)。用于规范海岸带境内各类活动的立法基准的缺失,反过来亦阻滞着海岸带综合管理方面的准则和其他一些规范性文献的制定。

3.1.3　指南和其他一些规范性文献

决定着海岸带综合管理能否实施的操作规范,其研制与法律上的确认,乃是国家关注的目标。在这一过程中,一些指南和其他各种各样的规范性文献,扮演着极其重要的角色。而决定着制定此类文献具有重要意义的缘由则是——正是这些指南和参考文献应会有助于执行海岸带综合管理方法实施诸不同阶段的实际运作。在这一语境之下,海岸带综合管理的立法基准,除联邦和地方法律之外,亦包括部门法规文献(诸如一些国家标准),以及经国家机关批准的一些建议和指南(例如经俄罗斯国家建设部于 1998 年批准的《关于投资—建设项目的生态护航的建议》)。

"指南"这一术语,在此时通常被理解为是对各种各样参考文献所做的内容广泛的集成,其目的则是用于理解海岸带综合管理的原理与方法(如一些方法论守则)或用于获取实践活动技能(如一些规范、教材)。此类指南可能有国际级、国家级或地区级之分。国际级的指南,往往是在一些权威性的国际组织领导下制定,且通常具有推荐的性质。此前已经多次提及的那些海岸带综合管理指南(1997 年和 2001 年由联合国教科文组织国际海洋学委员会制定;1995 年由联合国环境规划署制定的和由世界银行制定),便可作为此类指南的实例。国家级和地区级的指南,则相反,通常是依据相应级别的国家管理机构的要求而制定出来的,并具有一定的法律地位。这后一种情节,若该类别的指南系在社会组织或非政府组织创议基础上制定出来的,则可能是必不可少的。

在俄罗斯联邦境内,目前可以论及将海岸带综合管理方法向一些与之有密切关联的活动领域的推广。例如，海岸带综合管理方法的个别一些原理，可以被运用于港口设计与建筑的实践、与海岸带水利建设相关的环境影响评估程序，等等。用于规范设计与建设运作行为准则的部分法规类文献，可能会获得主管机关一级的认可（例如，由俄罗斯联邦国家建设部做出的认可），故，原则上可以论及由主管机关一级核准的海岸带综合管理方法运作指南。不过，很清楚，这完全不意味着是对行业间管理方法的背离。

诚如接下来将要揭示的那样，研制俄罗斯联邦诸沿海主体社会—经济发展战略的岸—海组分，乃系在俄罗斯推广海岸带综合管理方法的机制之一。依据2014年6月28日颁布的第172-Ф3号俄罗斯联邦法律《关于俄罗斯联邦战略规划》第32条第5款之规定，为使俄罗斯联邦国家政权机关的活动具有技术上的保障，俄罗斯联邦经济发展部制定并批准了《俄罗斯联邦主体社会—经济发展战略及其实施措施的研制和修正的技术性建议》①。该技术性建议的内容包括：对俄罗斯滨海地区诸联邦主体的补充指令。这些指令对各主体的岸—海特色及利用其海上活动潜能的可行性予以了关注（详见第5章）。在这份建议中，将俄罗斯滨海联邦主体定义为"其领土与内海海域和（或者）与俄罗斯领海毗连的诸俄罗斯联邦主体"。海岸带在这份技术性建议中，则被定义为："滨海领土和沿岸水域——依据《俄罗斯联邦2030年前海洋事业发展战略》，系为一个独立的、由国家管理的统一体。"②

显然，研制并在法律上通过内容宽泛的海岸带综合管理方法运作指南、参考文献，应当成为俄罗斯诸海域海岸带综合管理系统研发的一个极为重要的阶段。这一阶段所要达到的目标，是欲创制实际实施海岸带综合管理系统的种种方法。然而，法律文献的通过与合法化过程，乃是一个相当复杂且漫长的程序。因此，可以建议编制一些用于广泛介绍与宣传海岸带综合管理一般原则与方法的技术

---

① 由俄罗斯联经济发展部于2017年3月23日下达的第132号令所批准。

② 对海岸带做出的这一定义，首次用于《俄罗斯联邦2030年前海洋事业发展战略》的文本中。该发展战略确定了"采用综合方法对现行的、主要系行业化的海洋事业发展规划方法予以补充的必要性"。该项发展战略由俄罗斯联邦政府2010年11月8日颁布的第2205-p号指令予以批准。

参考材料,作为俄罗斯海岸带综合管理研发初始阶段所采用的一种较为快捷的(但并非较为简单的)程序。此种类型的指南,已由许多国际组织编制完成并已出版,然而,这类出版物通常是英文版本的,且主要为研究海岸带综合管理或自然资源合理利用问题的专家们所熟知。为了更为广泛地介绍与推广,此类出版物(或其他专门编写的技术类指南),应当被译成俄文,或用俄文编写。

依作者所见,就海岸带综合管理方法论的推广而论,尤其是对在地区一级层面所进行的推广而论,另一个极为重要的机制,可能是一些通俗知识性读物的编写与传播。的确,为了促成接受和推行海岸带综合管理方法所采取的诸项措施,其实际的实施正是要求社会舆论和从事海岸带问题研究的学者们的广泛磋商与支持,要求海岸带资源的直接利用者参与这一过程。在广泛吸引海岸带社会—经济活动参与者加入海岸带综合管理区域性研发过程这一征程中,迈出的第一步,首先便是要确保他们对参与这一过程抱有兴趣。以介绍海岸带具体地段现存或潜在问题及依据海岸带综合管理方法解决此类问题的可行性为定位的通俗知识读物,其编写与日后的传播,当是会有助于对海岸带可持续发展之路做出更为深入的理解。此类通俗读物的内容,依我们所见,应当包括与地区一级海岸带整体发展特色相关的具体资料;应当反映出海岸带具体地段的环境特点和介绍一些新的、可以在研发资源利用与社会—经济领域发展的综合方法基础上得以实现的机遇。非常重要的是,应使这类读物运用通俗易懂的语言写成,内容应包括对具体数据的分析、取自现实生活的实例,并应令本地读者感兴趣。

此类简易读物的编写和出版过程,通常会引起一些国家管理机构的关注,故创作涉及海岸带综合管理方面的通俗读物,亦可以被视同为某种行政机制。这一机制能与其他一些方法一并用于促进吸纳社会广泛阶层参与到海岸带综合管理过程中来。

3.1.4 分区方法

分区,作为区域划定总程序的一个组成部分,乃是最无争议和最为实用的手段之一。区域划定,这便是依据反应海岸带自然、经济或社会状况的各种特性而对该地域做出的划分。它在不同的学科中,均有着广泛的运用范围,其中亦包括自然资源的利用。

"分区"这一术语，始见于欧洲和北美城市工业化时代，特别是在（20世纪初）解决卫生保健、环境卫生、交通运输等问题之际。

在许多海岸带综合管理系统中，分区被用来划定具有不同的地域管理制度的区域。在一定条件下，可以划分出三种实施管理（管理制度）的基本方法。这三种方法可以用"禁止""允许""限制"三个词汇来表述。

分区有助于对地域实施管理，因为分区通常就会指示出采用某种管理方案的可行性。此类方案应当是与有限空间区域相适合的。

在许多国家中，分区会具有立法支持。这类立法对分区类型和可以利用这些分区来达到的目的，做出规定。例如，依据澳大利亚于1975年通过的法令（即对大堡礁的国家管理），划定如下分区：

◇ 一般性利用区，即允许在那里进行活动、但需顾及涉及环境保护的一般性生态要求的区域；

◇ 居民保护区，即通过禁止轮船航行和拖网式渔业捕捞、但允许其他方式渔业捕捞的方法对此间自然保护活动加以调控的区域；

◇ 受到保护的自然风景区，即于此间推行自然保护行动制度、渔业捕捞受到限制、但对本地居民不限的区域；

◇ 国家级自然风景，即有着严格的自然保护监管规定、对本地居民施行限制性渔业捕捞和有限的旅游经营活动区域。

以立法形式予以规范的这类分区，对海岸带沿岸地带而言，是较为常见的。例如，在土耳其，依据1992年颁行的海岸带法，仅划定其宽度取决于海浪作用的海岸地带，即划定 A、B 两个分区，其宽度应不少于 50 米。在该海岸地带内，对掏挖建筑用沙石，施行有条件的限制，即对此类建筑材料的掏挖，不应导致海岸特征的改变。在这一区域内，允许营建用于海岸防护目的和为与海洋有直接关联的各类经营活动提供保障的建筑（如港口、港湾、灯塔、船舶检修厂，等等）。在分区 A 内（距海岸地带外向边界的距离不少于 50 米），亦保留着同样的建筑限制，但允许营建与利用海岸带休闲潜能相关的建筑物（如漫步小路、观景平台，等等）。在分区 B 内（距海岸地带外向边界的距离不少于 100 米），亦允许进行与休闲、旅游相关的,并向公用开放的道路、设施的建筑;甚至在取得相应许可的情况下,亦可进行净化设施的营建。

分区示意图,通常会借用一些区域综合建筑平面图,甚至是一些空间—区域发展平面图作为补充。

一般情况下,分区会对通过准许或禁止某些活动的方法,使分区范围内的活动种类得到调控;并且,这一许可审核机制本身,亦可能会包括或者不包括签订附加协议的要求。对一些新型活动的管控,常常会呈现出一种有趣的情形——它们既不属于许可之列,也不属于禁止之列。在此种情形之下,下述两种管理机制,亦是可行的:

◇ 若某一活动尚未被准许,则必须要取得从事该活动的许可;

◇ 若某一活动尚未被禁止,则该活动被视作许可。

在第一种情形之下,管理者便会拥有对海岸带地段发展施加积极影响(或监督)的可能。对海岸带发展诸过程施加管理的可能,是通过发放(或不发放)相应许可证的机制来实现的。此外,在发放此类许可证时,在每一具体情况下,对某些与履行海岸区域美化、历史遗迹保护等一定责任相关的附加条款,均可予以预先约定。例如,巴拉甘教授(加的斯大学)在参观特拉法尔加海湾区海岸带一处地段时,曾提到坐落在海岸带市政区的一幢空置的楼房。该楼房已被市政当局以优惠的条件出租出去。在向未来业主提出的附加条款中,曾表述了利用该楼宇在那里创办一家与特拉法尔加海战相关的海洋主题饭店的建议。此外,合同条款中还包括一项附加条款:该楼宇的未来业主,应当对位于大楼附近的那座文物——18 世纪时为保护沿岸居民免遭地中海海盗侵扰而建造的石砌信号塔,予以护卫与维修。

在并不多见的第二种情形下,管理者实施管理的可能性,是有限的。不过,在这一情形之下,组织开展新型活动,会较为简易,不需要为获取染有官僚主义习气的机关的许可而耗费金钱与时间。

分区亦可用于对不同空间规模的区域进行划分,从海岸带地区到仅有几千米长度的海岸带地段。对海岸带大型地段而言,依据其境内相应的活动种类而将之划分为若干分区(如工业区、城区等),是较为常见的。为小规模地段制定的分区布局，主要用于防范同一类型的海岸带利用者之间发生冲突（例如，为浴场、水上摩托艇、体育类垂钓等划分的区域——这些均为海上休闲活动区域）。随着分区规模的提高，海岸带利用者的范围通常亦会缩小。

一些规模宏大的分区方案，其宗旨通常是为了将广泛阶层公众的注意力吸引到正在规划着的海岸带诸多变革中来；而一些总体性的开发或分区方案，则会令一般公众不十分感兴趣，因为从这些方案中，他们所能够获取的令其感兴趣的具体信息是很少的。通过对一些规模宏大的方案的分析，公众们便能够做出切实的评估：正在规划中的种种变革，将会在何种程度上触及他们个人；并能确定其个人对待规划中的种种变革所持的立场。对待既定规划所持有的个人立场的确定，将会有助于激发公众的积极性和调动他们参与最佳解决方案选择的主动精神。公众对规划设计方案的支持，会成为一种与该方案有利的额外的（亦是很有分量的）论据。而在进行这种额外分析研究时出现的对规划实施进程中具体步骤运作所持的否定（消极）态度，则会提供一种机会，即可以更好地去理解（已发生或可能发生的）问题并制定出降低设计方案"消极性"水平的预防措施。

应当注意到分区所具有的一个特殊性，这一特殊性与诸分区之间界线划定的清晰性和"直观性"相关。因为经由分区所确定下来的规则，可能会触及广泛的公众阶层，故最为理想的分区界线的划定，是应兼顾到令当地的分区界线能够做到"可视化"，以期使得这些界线在一定程度上不需要借助地图、仪器和设备，便可一目了然。为此目的，可以利用诸如一定的等深线、某些植物种类的分界线、地貌形态等等之类的天然分界线。此外，利用当地的一些地标来标定分区界线，通常会有助公众富有感情地将分区界线的划定理解为是一种理所当然的自然过程的反映（青草开始生长出来，这便意味着浴场区确实已经被关闭了），而不是某种臆造出来并强加给他们的事情。

在实施分区划界过程中，特别自然保护区的确立，扮演着极为重要的角色。这类区域所具有的特殊地位，决定着与生产类活动相关联的一些限制。依据俄罗斯联邦立法，属于特别自然保护区的有：国家级自然保护区，国家级公园，国家级自然景观公园，国家级自然保护禁区，自然景观遗址，森林景观遗址与植物园，医疗—保健地和疗养地。俄联邦政府和俄联邦诸主体的权力执行机关，亦可以确立另一些类型的特别自然保护区——那里建有城市公园和森林公园、园艺—公园艺术古迹。这些保护区护卫着海岸线、护卫着一些自然景观。特别自然保护区所具有的意义，可能会是联邦性的、大行政区性的和地方性的。

3.1.5　调节与强制的方法

对经济活动予以调控的主要方法之一，便是给予从事某一经营活动权力的许可证和执照的发放。许可证的发放或对经济活动实施其他的调控，其本身的必要性，通常是在最高的（往往是在联邦一级的）层面上以立法的形式予以界定的。法律应当具有足够的通用性，因此，其法律条文的表述，通常亦是要具有足够的概括性。考虑到此系最高等级的立法，故此类法律的通过，亦等同于此类法律的变更，是要耗费漫长的时日和经历复杂的程序的。立法行为所具有的这些客观存在的"欠缺"，会因为可以采用较为具体和较为快捷地适应外部条件变化的种种方法——例如许可证和执照的发放制度——而得到弥补。于许可证和执照发放之际，向海岸带各类利用者提出的一些要求，则会使得能够引导新开业的经营活动成为与整个海岸带共同体共同发展目标与任务相符合的经营活动类型。

调控过程应当与干部的培养、再培训过程联系起来，亦应与旨在改善公众知情度和进行生态教育等等的各种信息交流计划的实施联系起来。作为海岸带综合管理的一种方法，调控是个分阶段的和渐进的过程。为要达成既定的目标，需要耗费相当多的时日；作为协调海岸带不同利用者行为的一种机制，调控亦势必会与先前研讨过的分区运作过程相关联。

现在让我们以借助限额获取海洋生物资源方法实行的渔业管理为例，来研究一下运用调控机制的种种可能之一。生物资源属于可再生资源类型，因此，为了确保渔业生产的可持续性，对各类渔业捕捞物的捕捞数量予以调控，便是必不可少的。各种渔业捕捞物的储量水平，均具有自然性的和人为化的变数。兼顾到种种正常的、自然的过程，配之以对捕捞强度的合理限制，便可确保维持海洋生物资源储量所需的必要水平。在国际实践中，为达到此目的而惯常采用的机制之一，便是限量机制，即对某一渔业捕捞物的允许捕捞量予以规定，并将这一允许捕捞量在渔业捕捞参与者之间进行分配。在第一阶段，这一分配是在国际层面上进行的，即国家一级的允许捕捞限量被确定下来。此后，这一限量会在一些具体的渔业捕捞组织之间进行分配。专栏 3.1 中所示，为确定国家对生物资源的贡献、进而也是划定捕捞限量（以捕捞鲟鱼为例）的基本原则（依据引用文献目录-2 提供的资料）。于此应当指出，该专栏中所讨论的，仅是可行的解决方法之一；而这一方法所解决的，也仅是实质上更为宽泛的问题的要素之一。在运用这个具体的事例时，对我们而言，重要的是：应对海岸带综合管理领域的管理者所承担的对渔业捕捞具体参与者行为进行协调的具体任务，予以准确的表述：

◇ 应当依据某一国家对某种海产品储量保护的贡献的评估，来制定一种确定该产品的每一国家年度捕捞份额的公正方法；

◇ 这一方法应当由所有参与国予以磋商和核准通过；

◇ 应当存在来自国家方面的对捕捞限量实施影响的可能；

◇ 应当在国家和地区层面上制定并采用捕捞限量的分配规则；

◇ 这一分配规则和机制，应当与在制定行动策略时确定下来的海岸带该地段发展的任务和目标相符合。

不过，仅有一些调控机制，往往是不够的，因为遗憾的是，实际存在着的种种优先权，并非总是会与可持续发展的理想原则相吻合。总是会有这样一类人，他们因在利用自然资源过程中产生的对抗性矛盾，或因一些误解和修养欠缺，时常不能领悟到履行某些管理运作的必要性。就此类海岸带利用者而言，在运用调控措施的同时，亦有必要采取一些强制性的（硬性的）手段。

关于采取强制性机制的问题，若是存在着在短期内实施这类运作的必要性，则是应当予以考虑的。强制行动，这是一种以法律为基础的管理机制，其追求的目的是：在做到管理行为与一定的立法要求、调控机制或海岸带行动策略中明确定义的目标吻合一致的条件下，使管理效果得到提升。而例如"渔业捕捞监察"这样的组织，其监察活动则可以被称作是一种对长期性调控机制（例如前面曾研究过的捕捞限量方法）予以补充的实例。

专栏 3.1

对鲟鱼捕捞限量——里海沿岸诸国（伊朗除外）所采用的一种地区性调节机制——的评估

反映沿岸诸国对鲟鱼储量形成之贡献的基本标准：

◇ 淡水流量，V；

◇ 野生鱼卵的捕获回收量，$P_{ecт}$；

◇ 人工繁殖所占比例，$P_{иcк}$；

◇ 沿岸诸国的年度饲料需求量，Z；

◇ 育肥海域鲟鱼的生物量，R；

◇ 水体被生产废料污染的程度，Q；

◇ 盗捕行为的规模，B。

诸国家对鲟鱼储量形成总过程的贡献（G）的认定，即为被列入系数项的所有系数的各加权之合：

$$G=(YV+YP_{ecт}+YP_{иcк}+YZ+YR-YQ-YB)/N$$

诸系数的具体的值，是通过观测结果或依据科学评估结果来确定的。当某一系数的可靠数据缺乏时，可以将该系数从计算中剔除。

对里海沿岸国家在鲟鱼储量形成中的贡献所做的计算（按百分比计，且未顾及污染与盗捕行为的影响），其实例如下：

国家	依据诸项标准计算出来的诸国贡献比重					
	淡水流量 YV	野生鱼卵的捕获回收量 $YP_{ecт}$	鱼卵再生产量 $YP_{иcк}$	饲料基地 YZ	鲟鱼生物量 YR	国家贡献量 G
俄罗斯	89.9	63.8	95.3	49.0	47.1	69.0
哈萨克斯坦	3.1	23.5	0.0	20.6	31.7	15.8
阿塞拜疆	7.0	12.7	4.7	0.9	1.4	5.3
土库曼斯坦	0.0	0.0	0.0	29.5	19.8	9.9

　　　　对具体年度而言，捕捞限量是依据各国在该捕捞物储量形成中的贡献而计算出的总限量来确定的。在上面分析研究的诸因素中，最为可控的，便是人工孵化鱼苗的产出量。每一国家均有可能靠改变人工孵化鱼苗的产出量来提高或降低本国的捕捞限量。经过仔细研究的捕捞限量分配方法，会促进鲟鱼这一最为珍贵的捕捞鱼类之一的储量的重建与保护。

　　资料来源：《里海可持续的捕渔业与捕捞物区域分配的科学基础》，《里海渔业科学研究院》，1998 年。

　　显然，在禁渔区发生的盗捕行为，往往可能会使与调控措施的运用相关的所有努力与成果"清零"。因此，便产生了对海岸带个别一些利用者施以强制劝导的必要性。国家级自然保护组织实施的这类行政行为，通常被以立法形式固定下来和拥有其法律依据。

　　然而，经验表明，仅凭强制措施是不可能取得长久成效的。压制一旦停止，一些利用者便会重操不良旧业。因此，强制机制总是应当与其他一些旨在使海岸带行动获得良性激励的方法相结合。强制与沟通，应当齐头并进。

　　即便采取强制性机制，亦可能会收效甚微。例如，在物质保障能力低下、干部和经验缺乏、政策支持力度微弱等情势之下，便会如此。但是，导致强制性机制无效的最为一般和惯常的原因，则是广泛阶层公众的理解不足和文化修养水平低下。经过精心设计的一些"强制性"程序，应当是任何一种发展计划的一个组成部分。此类程序的执行者，通常是以监察人员的身份开展工作，并应当拥有执行强制性行动的合法权利。

　　如此一来，立足于对经营活动予以规范的调控机制，便可以成为确保可持续发展的有效方法。在大多数情况下，调控机制亦势必会借助"强制性"支持手段来使自身得以充实。在这两种情形之下，经过精准制定的法律基准，均为不可或缺。

3.2　社会—经济定位机制

　　海岸带综合管理的社会维度，经常会被视作其本身内含之物。技术的和科学的方方面面,均可以被量化地精确定义和表述;若是论及情感或种种精神联系,则是难于如是为之。尽管如此,施之于海岸带的管控,却是与管控社会对海岸带利用持有的态度,有着紧密的关联。由此一来,社会学视角亦势必会成为任何一种海岸带综合管理纲领或规划的组成部分。一些文化的和历史的要素,会在海岸带综合管理的成功研发中,发挥独特的作用。

3.2.1　传统的实践与知识

所谓传统知识,这便是在诸自然经济系统和诸自然过程方面积累起来的,建立在诸民族精神健康、文化和语言基础之上的,为确保人类生生不息和诸民族社会—文化与社会—经济体系完整性而以童话、歌曲、谚语、神话形式世代相传的那类知识。此类传统知识;是建立在对非生物界和生物性界诸组元及其相互作用的深刻理解之上。传统知识的诸体系,是以语用学、历史经验的理性和逻辑为基础的(《北极地区环境保护战略》)。

将此类传统知识与实践运用于海岸带综合管理,其可行性在于:此类传统知识与实践,可以提供内容丰富的有关生物资源分布与变易的信息、有关各种自然灾害表现之类的资料;特别是可以提供有关那些没有受到足够深入研究和仅进行过一些小规模观测地区的上述资料。例如,《北极地区环境保护战略》便建议在进行环境影响评估作业时,应积极利用传统知识,以弥补观测数据的不足(《北极地区环境影响评估指南》)。在热带地区,土著民族所积累起来的知识,则可以被用来评估生物储量及其变化,研究传统捕捞方法、鱼和软体动物的种类构成以及他们制作海产品菜肴的民族方法,等等。为了能使传统知识与经验得以在海岸带综合管理中被利用,应当对此类知识予以采集,使其系统化并与现今的数据资料进行比照。

在对社会变化进行评估时,必须要顾及种种极其复杂的经济和文化关系、生活方式、历史上所形成的种种生存价值所具有的优先地位。因海岸带经济和社会的发展,当地居民的社会处境会发生变化。在制定评估这些变化的标准,以及评估这一发展的可持续性标准时,传统知识也是可以利用的。若是这一发展会导致一些西式生活标准的完善并同时也使土著居民历史上形式的民族生活方式遭到破坏,那也未必可以被称之为可持续的发展。

业已形成的制度和对一些民族优先权的考虑,会有助于制定出更为合理的决策过程和吸引广泛阶层的公众参与到这一过程中来。在地方一级的管理中,对一些现存传统予以关注,尤为重要。

诸文化间的相互影响问题,在一些少数民族居住地区通常会表现得特别敏感(如北极盆地海岸地带、太平洋一些小岛国、玻利尼西亚群岛等)。对待传统与所谓的"西方"文化之间的平衡问题,世界上存在着两种意见(见引用文献目录-31)。第一种意见可归结为:那种历经数百年自我检验的方法,便是最佳的管理方法。因此,不需要对一些少数民族独有的生活方式做任何变更。第二种意见则与之相对,所依据的论点是:一些传统型的管理方法在现今条件下是没有效率的,因为它们仅能在居民人口不多和密度不大的条件之下使用。

实际上,这是两种对待传统与西方管理方式之间能否形成平衡所持有的极端观点。而务必做到的,则是应当使正面的经验(wise practice)或负面的经验而不是旧的或新的经验,成为基本的标准。在任何时候均应当承认:优良的正面经验的存在,并不会使新经验形成的重要性减弱。传统与现代管理方法之间的平衡,取决于当地的种种条件:

◇ 若海岸带某地段的现状是良性的,那便可以更多地以传统管理方法为依托;

◇ 若海岸带某一地段的现状是良性的,但正在筹划重大的发展,那么一些现代方法便应当被利用于对海岸带现状变化的预测;

◇ 若海岸带现状已相当恶化(污染增加、资源递减等),便应当采用那些兼顾到传统知识与方法的现代方法。

3.2.2 建立在协同合作和步调一致基础之上的管理方法

与居民的协同合作,在地方一级海岸带综合管理的实施过程中,尤为重要。正如本书开篇中曾经指出的那样,在地方层面上,一些社会问题的优先处置顺序会提升;因此,海岸带综合管理所面临的课题往往反映出居民本身的问题。这些问题是在社会内部产生的,且其破解亦应当与社会携同完成。与居民的协同合作,会有助于日常生活中环境保护问题的破解,有助于在每一位居民心中培养出珍爱自然的态度。例如,当海岸带居民为自己做出"不随意倾倒垃圾"的决定时,他们实际上便是在参与培养珍爱自然态度的管理过程。这种"民众式管理",应当成为居民的组织化行为的一个自然而然的组成部分。

大体说来,社会在海岸带综合管理中所发挥的作用,总是具有宽阔的活动范围,并会受到一系列原因的制约。可以归入此类原因的有:

◇ 地理规模;

◇ 问题的针对性;

◇ 国家权力结构;

◇ 激励原则;

◇ 海岸带行动策略研发水平。

社会可以在海岸带综合管理系统的发展中,发挥一系列重要的作用。可以归入此类作用的有:

◇ 借助对传统知识的利用而参与海岸带资源的评估;

◇ 参与海岸带自然资源各类利用者之间在重大课题决策时的协商(即讨论——达成理解——协同合作);

◇ 参与决策的通过(海岸带资源利用者通常能够提出一些有益的建议,他们对此感兴趣,因为他们生活在那里。原则上说来,他们与决策能否取得良好成效存在着利害关系。海岸带资源利用者们通常会更为乐于去履行那些有关降低不良因素影响、保护资源之类的迫不得已的解决方案,若是他们也参与到解决该问题的决策过程中来);

◇ 主动发起一些行动(在对一些问题有了理解之后,居民们便有可能会主动发起各种各样的行动,不应坐等核心部门——确保预防性措施原则落实的责任部门——去解决这些问题);

◇ 对海岸带诸项规划的执行情况,予以评估(海岸带综合管理的目的,是提升海岸带居民的福祉。这一福祉变得好与坏,只有公众能够做出判定;而官方对规划执行情况的评估,并非总是会与社会评价相吻合)。

社会参与,会作为一种缘起于下层的(bottom-up)主动行为而自行发展,但是，它亦应当受到来自上层的推动。国家权力机关本身，也应当努力求索吸纳社会人士参与海岸带综合管理过程的适宜方式。此时，国家权力机关与社会之间的相互作用，可能会采取各种各样的形式。依阿恩斯泰因所见，可以将居民参与决策过程的程度，有条件地分为三个层次：第一层次是无居民参与决策过程。该层次所要求具备的先决条件是：若居民的利益与决策者的利益相吻合，便可以操弄民众和在吸引民众参与决策方面作应景文章；第二层次为对话式的（表面性的）参与，即进行信息交流、咨询、调解，甚至也可能是在某些行动方面进行合作；第三层次，此时，居民们期望获得诸如被赋予审议决策的全权和行使社会监督之类的切实的权利。

欧盟通过的生态管理标准——EMAS（见引用文献目录-10），可以作为环境保护领域自愿协同合作的一个实例。欧盟的这个《生态管理与稽查系统》，即EMAS(Environment Management and Audit System)，是由欧盟（环境工作小组）第1836/93号决议——《关于工业企业自愿参与生态管理共同系统和环境保护领域活动稽查的决议》——予以核准通过的。该决议旨在推广工业企业自愿分享用于评估本企业对环境构成影响的方法和借助在企业内推行生态管理以减缓这一环境负荷。使企业经营活动能够达到与某些规定的生态标准相符合，是这一生态管理所追求的目标。对这些标准的遵守，是自愿的；且这一自愿遵守，亦是为了证明企业对环境状况的关切。而这一关切心态，则是以正在被构建着的环境保护管理系统的形式，在实际中具体体现着；是在有规律地施行生态稽查中、在公布环境所受到的源头影响的报告中，具体体现着。作为一种回馈，已成为生态管理与稽查系统参与者的诸工业公司，会获得可在自家的宣传广告中使用一种专门标志的机会。拥有了这一标志，会使公司形象得到优化，并由此提升公司的竞争力，特别是其在国际市场上的竞争力。EMAS特别强调企业对导致环境蒙受损害所应承担的个体责任。依据EMAS所实施的环境保护管理系统的构建，乃是一系列连续性的行动。在履行完这些行动之后，企业便会荣获一份专门的技术合格证书。该技术合格认证系统的建立，包括如下阶段：

◇ 对环境所受影响水平予以最初的分析；

◇ 定义生态政策；

◇ 研制生态规划；

◇ 创建生态管理系统；

◇ 进行生态稽查；

◇ 编制环境影响报告；

◇ 核准环境影响报告；

◇ 注册与获取合格证书。

应当注意到环境保护管理系统所有创建阶段所具有的实际目的性和可行性。对环境所受影响水平做出的最初分析，包括系统分析对环境构成影响的生产数据资料、研制完善环境保护系统的措施。生态政策的诸项规则，通常会被记录在一个专门性的文献中。该文献用于确认有关信守 EMAS 标准的意愿和表述企业生态管理系统的具体任务与原则。为了达成下一阶段的既定目标，便要研制生态管理行动规划，该规划中包括：

◇ 经过量化的目标；

◇ 为目标的达成而设计的诸项措施的说明；

◇ 经过确认的措施实行期限；

◇ 有关人员权限的信息；

◇ 有关为履行措施所需资财的信息。

公司亦可以研发自己的环境保护管理系统，或利用一些现行的标准（例如英国标准 BS 7750 或国际标准 ISO14001）。关于生态管理与稽查系统参与方对环境所构成影响的报告，是预设诉诸范围广泛的社会各阶层的，并且行文要采用通俗易懂的形式。该报告应当包括下列信息：

◇ 对在被研究客体内进行的活动种类的描述；

◇ 对与这些活动种类相关的所有重大生态问题的评估；

◇ 有关污染排放，废物形成，原料、能源和水源消耗，噪声形成和其他一些
　　生态不良影响的数字汇总表；

◇ 对环境保护方面的政策、生态规划与企业管理系统的描述；

◇ 下一次提交报告的最晚期限；

◇ 环境保护状况检查的委托机构名称和检验人姓名。

依据 EMAS 提出的要求，该报告应当每三年编制一次。对该报告的检验，由 EMAS 成员国委托的专门机构进行。

运用于生态管理系统的此类方法，亦可以卓有成效地运用于改善位于海岸带地区的一些企业的生态指标。与此同时，经营者（诸企业）自愿联手在海岸带综合管理语境下解决所有经济关系参与者所共同面对的问题，这一理念便是在海岸带综合管理系统中运用社会杠杆的具有发展前途的方向。

3.2.3　海岸带潜能的开发

潜能的开发（capacity building），即指一系列旨在通过开发人力和组织的潜能而对现有方法、资金和资源的利用予以优化的举措。

对海岸带综合管理系统中人力潜能予以完善，其宗旨是要使将海岸带视作自然、社会和经济统一空间这一最佳观念得以养成；使公共生态教育得以完善；使职业培训体系得以建立。人力潜能的开发，是以诸多社会联系机制的构建，以及诸多被吸纳到海岸带综合管理过程中来的社会组织和职业性组织系统的创建为前提的。此外，这一潜能的开发，还包括要完成一些科研工作。这些科研工作是制定决策所必不可少的基础和依据。科学研究工作所扮演的角色，就预测海岸带自然组元的变化而论，是十分重要的。为海岸带自然组元制作数学模拟实验，是极其适宜的。没有科研工作，便不可能理解（进而亦没有能力在海岸带综合管理系统中顾及）海岸带不同组元之间的交互作用关系。无论在何种情形之下，在不低估开展海洋学、经济学或社会学诸独立学科方向的科研工作重要性的同时，都应当注意到：对海岸带综合管理的开发而言，首当其冲的是，必须开展旨在分析自然、经济和社会诸因素相互作用的跨学科式的研究工作。

开发适用于海岸带综合管理的种种组织潜能，其目的是要构建最佳的、最为符合海岸带行动策略既定目标与任务要求的海岸带经济体系结构。这些与海岸带经营—经济结构最佳化相关联的最为重要的任务之一，便是使海岸带各类资源利用者之间的诸多关系和谐化。这一和谐化过程的宗旨，即是要降低冲突发生率水平。这类冲突，系因对资源利用所持态度存在差异而在不同利用者之间客观形成的。

　　各种各样的信息沟通计划,均可能成为开发潜能的众多机制之一。制定此类计划的目的,是要制作出一些信息资料(教学参考资料、科普类小册子、因特网页,等等)或提供一些信息服务(举办无线电广播和电视专题节目、采用一些有组织的—具有表率作用的措施,例如举办推介活动和各种公益性生态保护行动,等等)。构建海岸带综合管理系统中的信息沟通联系渠道,会在很大程度上有助于海岸带区域内长期合作的形成和促进该区域内稳定的良性变革的发生。尽管此类计划亦要求付出一定的资财和耗费些时日,然而,总体说来,它们通常是会导致用于实施海岸带综合管理的财务支出趋于缩减。例如,澳大利亚在合理利用生物资源方面所做出的种种努力,便曾表明(见引用文献目录-31):划拨用于为组织鱼类储量保护而实施强制机制的资金,其中共计约 2% 投向了渔业捕捞海洋学教育计划的开发。并且,由这两个机制而产生的效益,被评估为恰好是相等的。印度尼西亚借助宣传与教育推广以开发海水养殖经济取代传统的沿海渔业捕捞理念。该国在这方面积累的经验,亦可以作为解决类似问题的另一个有益的实证。这一计划所获得的良性效果,使得可以缩减海岸带区域内的渔业捕捞量,且不会对社会生活领域造成损害。

　　信息沟通计划的优势与特点是:这些计划,可以且应当是有的放矢的,即可以且应当是以社会的一定阶层为定位。不过,于此亦应当指出:信息沟通计划,以及一些调节机制,只有在历经一个相当长的时段之后,才会产生有益的效果;而一些强制机制,则可能会更快地取得成效。

　　在海岸带综合管理系统中,信息沟通计划的实施,可以被用于解决下述课题:

　　◇ 对必然会出现在海岸带利用者行为举止中和(或者)信息知情度方面的种种变化的评估,以便令他们的行动有助于海岸带综合管理诸课题的解决;

　　◇ 对诸项教育计划的实施;

　　◇ 对各类培训和教育所用宣教材料——从以一些特定的(小规模)群体为实例的教材,到用于在公众中进行广泛宣教的材料——的核准;

　　◇ 查明诸多特定公众群体及其对各类信息的需求;

◇ 评估诸教育计划对公众的长、短期影响，以判明这些计划所取得的效益；

◇ 拟定有关完善公众信息知情度水平的建议，其中包括研制各种教育
  计划。

如此说来，在海岸带综合管理系统中，信息沟通计划的实现，乃是更加积极地吸纳公众参与信息收集（特别是社会生活范畴内的信息收集）、教育并最终吸引其参与决策的研制与采纳过程的一种手段。代表社会不同群体利益的海岸带利用者们，可以作为对已采纳决策的效果予以评估的鉴定人；如此一来，亦会营造出吸纳公众参与履行公共管理职能之一——监督职能——的机会。

开展社会学问卷调查，是实现一些信息沟通计划的可行方法之一。进行社会学问卷调查的程序，一般情况下包括如下步骤：

◇ 对问卷调查的目的与任务做出明确定义；

◇ 确定目标人群或接受问询调查的人群；

◇ 拟定调查问卷；

◇ 在顾及目标人群特点（其中包括问询形式、地点和时间的选择，等等）的
  同时，开展问卷调查；

◇ 对问卷调查结果予以分析并形成文字报告。

考虑到进行社会意见研究方面的社会学问卷调查，可以成为海岸带综合管理系统中的一个重要组成部分和获取有关社会学参数因海岸带发展而变化的数据的一种方法，故让我们来详细阐述一下有关开展问卷调查的一些实用建议。

在对公众进行问卷调查的筹备阶段，必须对问卷调查的具体目的，予以准确的定义。那种足以导致效果低下的方法，其形成的根源，往往寓于对社会意见的调查抱有简单处置的心态之中。必须预先明确：社会意见中的哪些问题令您感兴趣，其原因何在？您期望在对问卷结果进行分析的基础之上，得出何种具体的结论？这种预先进行的"周密考量"，会有助于接下来的问卷调查程序诸阶段更为顺利地实施。在海岸带综合管理中，问卷调查总是会在一定的目标人群中进行。这类人群因一些与岸区或海区相关联的共同利益（如资源的利用、海岸带境内的居住，等等）而联合在一起。这一情节，依我们所见，便使得海岸带综合管理方面的问卷调查，大大不同于其他一些社会学类的问卷调查。海岸带居民的生

活,可能会囊括着极其多样的问题。在海岸带综合管理中,应当得到认真研究的,仅仅是那些因发生于海岸带区域内的诸多过程而产生并受其制约的问题,即受到海岸带管理水平与效率制约的那些问题。例如,吸毒是一个全球性的社会问题,解决这一问题的重要性,自是不容置疑。然而,在海岸带综合管理框架内,这一问题却是仅仅可以从海岸带所具有的特点对吸毒现象构成影响的立场出发,去加以研究(如港口城市环境或因与海洋相关的工业行业递减而造成的高失业率水平的特点等)。此时,这里的居民,往往表现为一个特定的群体,他们因海岸带生存条件而被联合在一起,但在一般情况之下又在海岸带发展中具有各自不同的利益。此时,这类特定群体,通常会以一定的地理边界将各自限定在某一区域(城市、居民点等)之内。将诸目标群体按职业、社会或其他一些形态特征加以区分,亦是可行的。不过,同一些人,也可能会以各种不同的身份出现。例如,从事海上或海岸带区域内渔业捕捞的渔民——这是依据其职业特征而做出的一种划分;密集居住在一些"渔村"内和在海岸带区域内从事家庭式捕捞的渔民及其家人——这是一个拥有自己的传统和独特生活方式的社会阶层;最后,有着不同职业和不同社会地位、但被捕鱼这项共同业余爱好联合在一起的人群——这是捕鱼爱好者的某种目标群体。从海岸带综合管理的角度出发,对这些群体予以确认,是必须的,因为,尽管存在着某种表象性的利益共同性,但这些群体的目标指向,实际往往会是千差万别的;且在某些情形之下,亦会是相互冲突的(例如,在传统捕鱼人士与体育性质的捕钓业余爱好者之间发生的那种摩擦)。

　　接下来的一个重要阶段是:拟定调查问卷的问题。问卷调查组织者与调查后得出的最终结论,不存在利害关系——这应当成为进行客观的问卷调查的必备条件。对组织者而言,其主要使命就是获取可靠的信息。在对范围广泛的公众群体进行问卷调查时,通常是以填写匿名问卷的形式来操作。而对一些范围较为狭小的目标群体、某一领域的专业人士(如海洋学专家、生态学专家等),问卷调查则可以公开问询形式来进行(例如本书中提及的由彼·奇钦-赛恩制作的那些资料)。在采用上述两种问卷调查方式时,均须对所获答卷进行统计学处理的可行性,预先予以周密考量和定义。其方式可以是专家打分评定(评分等级应当是预先规定的)、等级排序(依据重要性排序),或预先拟定的定性答案选项(如喜欢、不喜欢）。建议应当预见到出现中性答案的可能性。例如，若被问询者没有自己的主见或对自己的意见不确信，那么对这类人而言，最好是预设例如"不知道"或"难以回答"这样的备选答案。这便为获取较为客观的表述营造了条件，因为在没有中性化的备选答案的情形之下，若被问询者选择其随机性的答案，便有可能既会使赞同答案的数量获得不当提高，亦会使反对答案的数量获得不当的提高。此外，"不确信"之类的答案，也可能会传递出有益的信息，例如可凸显出有关信息沟通不充分或目标群体选择不成功的信息。在进行匿名问卷调查时，问卷表单中应当包括一些非此即彼类型答案的问题。并且，对这些问题的表述，应当努力做到使其存在的相互关联不为接受问询者所察觉；还应当将此类问题分布在问卷的不同位置。有了此类问题的存在和日后对问卷答案做出的共同分析，便可以对答案的可信度，即问卷答案的代表性，做出评价。若发现问卷调查结果中具有不协作性质的答案，可以不对该结果进行分析，或者以较之其他结果的权重要低些的方式对其予以考量。例如，若在一份问卷中遇有"有关海岸带综合管理的事儿我从未听说过"或"我最喜欢电视上播放的有关海岸带综合管理方面的节目"之类的回答，则这份问卷是应当引起怀疑的。总括说来，应当注意到：问卷中提出的问题，应当设计得使被问询者明了和具体，但问卷调查所要达到的主要目的，却是令其模糊不清的。

问卷中包括一些与被问询者本人相关的问题（如年龄、教育、社会地位等），亦是适宜的。在分析问卷调查结果时，这类信息会有助于对已出现的意见波动做出解读，因为意见差异的出现，可能会受到受访人群的年龄、工作地点等因素的制约。

为能使海岸带的潜能得以提升，一项重要的任务，就是要为海岸带综合管理体系的运作而进行专业人员的职业培养和干部储备的构建。通常，职业培养均是通过学院式教育来实现的。为了使海岸带综合管理领域未来专业人才的素质得以优化，则必须将学院式教育与实践性培训相结合。

3.2.4 经济机制的利用

海岸带综合管理方法论，是以市场关系为定位的，因此，在综合管理系统的其他一些调控手段之间,经济机制乃是一个重要的组元。与依靠海洋资源的利用获取利润相关联的一些经济刺激因素,是一种重要诱因。这一诱因对正在增强着的对海岸带开发利用的兴趣具有推动作用。海岸带构成中,与存在着生产类经营活动相关的那类区域,乃是最具活力、最具发展生机的组元。确实,海岸带所具有的这一诱惑力,通常会为经济的活跃发展奠定先决条件。以海岸带综合管理的观点而论,各种经济机制的利用与否,是与其是否具有对生产发展予以调控的可行性相关,且同时亦兼顾到正在增长着的人为负荷和环境质量保护的必要性。此类调控所要达到的目标可以是:使海岸带经济结构得以最佳化、使各类资源得到合理利用(或爱护)、使环境保护活动得到促进。经济机制能否在海岸带综合管理中得到利用,亦经常会与其他一些调控机制,例如立法基准或规范基准,发生关联。故可以对一些有直接作用或间接作用的经济机制进行一番研究。

可以归入具有直接作用的经济机制的有:

◇ 在兼顾到制定海岸带行动策略时确定下来的优先次序、任务与问题的同时,研制和实施投资策略;

◇ 征收资源利用税费;

◇ 运用罚款制裁和行使其他一些行政监察手段处置有关违反污染物排放法规的行为;

◇ 对从事某类经营活动的执照或许可证的获取,予以收费。

正确的投资策略的制定与运用,会使一些行业(或企业)受到扶持;而这些行业(或企业)的运营,从整个海岸带总体利益角度视之,则是十分重要的。例如,构成少数民族文化组分的一些民族类型行业,从经济学角度而论,可能是薄利的,但是,为了保护这些少数民族的文化遗产和传统,对这些行业予以扶持,可能又是必不可少的。借助适当的投资策略手段,便可以促进那些其工艺技术符合生态安全要求的行业(或企业)的发展。开发有利于海岸带综合管理的投资策略,归根结底就是要强化社会和生态诸因素所具有的作用,开发出可供选择的投资原则。对资源利用的规则和征税额度、环境污染费率的合理确定,会使得对环境构成的人为影响大大地降低,使资源得到珍视。

可以归入具有间接作用的经济机制的是：诸多用于获取环境保护活动经费的市场化机制的运用。在此种情形之下，可以论及有关为环境保护目的而开设专营市场的事宜。举行股份或许可证的拍卖，或者是宣布进行某种自然资源利用权力的竞拍（或投标），可以作为开设此类市场的实例。重要的是，应使在拍卖时获得的额外资金（即所标价格与实际成交价格之差），切实被用之于补偿人类对环境造成的负面影响。

3.3　实施海岸带综合管理的技术手段

3.3.1　投资—建设项目的生态护航

我们将把各种各样的、与获取和分析观测数据具有某种关联的方法，归入海岸带综合管理的技术手段之列。对此类技术手段的运用，可以在两个层面上予以考察。第一个层面，是与用来收集信息并对其进行初步处理与分析的各种技术手段的运用相关。可以归入此类的，不仅是用于直接观测的仪器和设备，还有一些相当复杂的程序测定系统，例如用于判读卫星信息的信息测定系统或水文物理探测设施。这一层面，从任一海岸带活动的信息保障角度而论，均是极其重要的。不过，这类问题基本上应当由海洋科学领域的专家们来解决。另一个与海岸带综合管理系统有直接关联的层面，是与决策的制定与采纳过程的必要的信息保障相关的。信息消化问题，即与数据的压缩及其以指数和系数形式进行表述相关的问题，我们已经在第 2 章中有过涉及。在本章节中，我们主要着眼于一些以数据利用为基础的、直接用之于海岸带综合管理过程中决策的制定与采纳的方法。可以归入此类方法的是：生态评估、环境影响评估、监察。

进行生态评估的必要性和规则，是由俄罗斯联邦《关于生态评估》的法律确定下来的（1995 年 7 月 19 日经国家杜马通过；1995 年 11 月 15 日经联邦委员会核准）。依据第一款之规定（第一章，总则），生态评估被定义为系"对拟议中的经济性质的或其他类型的活动是否符合生态要求所做出的核定；及对可否准予经过生态评估的项目付诸实施所做出的判定，旨在预防此类活动可能对周边自然环境构成的不良影响和与此不良影响相关的、由经过生态评估程序的项目所造成的社会、经济及其他一些不良后果"。此项评估,乃是一次性的检验行为;此后,便要做出经过生态鉴定的项目是否可以运作的决定。此种生态评估,可以用来论证个别一些在生态方面存在问题的企业是否有必要进行改建,甚至关停;亦可以用来核准一些新项目的建设计划。

现在让我们以投资—建设项目的生态护航为例,来研究一下对环境影响进行评估的一般性原则与组织。这一生态护航,乃是"一种旨在确保规划项目建设区域内生态安全、防护自然环境和人类健康免受运营企业有害影响的程序系统"(见引用文献目录-9)。这一生态护航的基本流程包括三个主要阶段:投资前阶段、投资阶段和运转阶段。依据现行的标准基准,生态护航系由两个相互关联的程序构成:对投资项目的生态论证程序和投资项目实施时对环境的生态监控程序。

生态论证包括:对在现行经营活动形式下自然环境现状的评估;对被投资项目的评述;对被投资项目运营时自然环境状况的预测性评估;就环境保护措施的制定所提出的议案;组织生态监察的计划。在生态监察过程中,通常会进行与运营中的项目毗邻地区的生态和社会现状变化相关的一些自然数据的收集。这一生态监察,应当在项目的整个运营过程中(从项目设计文献的研制,到项目的运营、改建和注销),始终得到实施。

在项目规划筹备的初始阶段,在研制和审议项目意向申请(申报)时,通常首先要履行对项目选址的自然—经济评估。该项评估包括:

◇ 对现有的自然、生态、社会与卫生—流行病学环境,做出总体评述;

◇ 对因项目运营而形成的污染物,做出评述;

◇ 对发生险情的可能性,做出评估;

◇ 鉴于项目运营时危险性的提升,故对实行项目安全报告制度的必要性,予以明确;

◇ 对生产废料的可行性处理方法,予以说明。

这一阶段所要达到的目标是:取得有关组织对启动实施项目规划工作的原则上的同意。

在实施规划的下一阶段,在部署建设投资的论证时,通常会执行一个被称之为环境影响评估的程序。该项程序包括:

◇ 为项目的选址和运营的各种可资选择的方案,判明可能发生的各种不良影响,其中包括各种不良生态影响;

◇ 对用于确保毗邻区域生态安全的投资性支出,予以评估。

俄罗斯联邦境内所采用的环境影响评估程序,是由《厂房、楼宇和大型建筑物建设投资论证的拟定、协商、核准程序和编制方法的法规汇编》(СП 11—101—95)所规定的。该法规由俄罗斯联邦建设部下发的决议(1995 年 5 月 10日,№18—53)予以通过并付诸实施。该环境影响评价程序,旨在用来确定未来项目选址的最佳方案。对项目选址地点进行初步协商和撰写用地选定协议书,便是这一管理决议所要达到的结果。

设计方案草案选定之后,通常便要进行技术—经济论证。在此阶段中,要在项目的生态护航框架内,撰写建筑工程(项目)技术—经济论证文献构成中的"环境保护"章节,其目的是对诸项建筑方案进行生态论证。在撰写这一章节时,除生态监测数据、工程—生态研究数据、综合工程勘测数据之外,一些社会学和卫生—流行病学形势的监测数据,也会得到利用。社会学监测包括:社会—日常生活环境分析、名胜古迹保护视察,以及会同当地居民和社会团体对有争议问题的查明。作为立项文献组成部分的环境保护章节,其结论的得出,通常属于国家一级的生态鉴定权限。此一级别生态鉴定做出的肯定性结论,是核准该项目技术—经济论证的依据之一,进而也是核准项目建设施工方案的依据之一;亦是发放自然资源利用许可证书和为项目建设征用土地的必备文献。

建设施工的组织方案,是在对项目所做的技术—经济论证的基础之上制定出来的。在这一阶段中,通常要进行作为建设施工组织方案组成部分的"环境保护"章节的撰写。撰写此章节的根本目的,便是要确保建设施工期间的生态安全。作为建设施工组织方案组成部分的"环境保护"章节,其诸项主要任务是:

◇ 就建设施工期间诸类污染源对自然与社会环境的影响,予以评估;

◇ 就诸项建设工程施工对环境构成的影响,予以生态—经济学评估;

◇ 制定建设施工期间自然环境保护措施。

上述所有这些程序,均有可能被运用于海岸带综合管理系统之中。通过对那些规定在水力工程建设施工中施行生态保护措施的俄国及其境外文献的比较分析表明,总体说来,俄国所采用的影响评估程序,是符合那些必备规则的。在这类文献中,一些必不可少的章节——诸如原始—基本信息、影响的预测与分析、对影响的弱化、监测等,均悉数存在。

但就海岸带的海洋特性可以在海岸带综合管理系统中加以利用的角度而论,俄罗斯联邦境内所采用的环境影响评估规范基准,其主要缺陷则是:没有对海岸带海洋特性予以充分的关注。此外,一些与跨学科方法相关的环境影响评估要件,例如参与的灵活性与功能、聚合作用的后果、遵守预防措施原则的必要性、必需的和足够的评估规模的确定等,亦需要得到更为详细的说明。最大的差异出现在与社会参与相关的诸章节内;而在海岸带综合管理方法论中,社会的参与则被视为一个连续不断的过程。

海岸带综合管理系统在俄罗斯的发展,要求未来的专家们应当了解用于分析海岸带社会—经济状况的较为齐备的一整套工具。接下来,我们将会对一些与海岸带综合管理方法有着直接关联的技术进行分析研究。这些作为对已有方法予以补充的技术,会有益于海岸带各类资源利用者关系的和谐化和海岸带经济结构的优化。考虑到获得实用技能的必要性,在此类章节中,将会相当广泛地利用俄罗斯国立水文气象大学海岸带综合管理教研室所取得的经验。此类经验是该教研室在为了将海岸带综合管理基本原理推广于海岸地区现今的开发实践中去而进行的各类科学研究与实际运作中获致的。

3.3.2　海岸带的盘点

项目投资前的生态护航时段,是被用于制定投资意向、准备投资申报(投资意向书)和对建设投资予以论证。从海岸带综合管理方法发展的角度而论,在项目筹备的初始阶段,便必须对在"自然资源合理利用的限定性规章制度确定"阶段倡导施行海岸带综合管理措施的适宜性,展开预备性的研究工作。若是倡导实施海岸带综合管理工程的必要性问题,得到切实的解决,那么下一步便可以开始对海岸带综合管理的潜在参与者予以确认。例如,表 3.1 所示,系在圣彼得堡大港发展规划背景之下,与参与海岸带综合管理过程有利害关系的主要当事人及其作用。

对海岸带综合管理潜在参与者所做出的分析,应会有助于较为精准地制定出与诸监督机构进行项目协商的行动方案,有助于判定哪些机构在生态护航过程中可能会被启用、会被用来获取必要的数据或被吸纳来履行诸项决策。

作为下一步骤,为了获得对各种建设方案条件下自然环境保护措施的定向评估,亦是为了简化与行政当局协商项目选址问题的过程,建议执行可以被称之为海岸带盘点的操作。

这一操作,可以在利用地学信息系统技术的基础上,通过编制略图、交互作用矩阵、图表以及提供咨询信息的方法来实施。此类工作通常会在俄联邦系统程序设计研究院研制的传统方案框架内进行。于此,我们想着重强调较为广泛地收集数据的必要性。除去那些判明生态负荷或生态敏感性的图表之外,亦应纳入其中的还有:

◇ 行政区划图;

◇ 与海岸带相关的企业分布图;

◇ 海岸带区域内人口密度图;

◇ 该海岸沿岸区域文化与道德价值体系分布图;

◇ 判明娱乐休闲潜能的示意图;

◇ 划定经济区域的示意图。

表 3.1　因圣彼得堡大港改建而与圣彼得堡海岸带综合管理

发展形成利害关系的主要潜在参与者

过程参与者	可能发挥的作用
联邦政府、一些行业部委	核定规范基准; 制定联邦目标规划; 处置联邦拨款问题。
圣彼得堡行政当局	制定圣彼得堡发展战略规划,其中包括海岸带发展目标的确定;行使监督职能;组织协商工作;处置地方资金筹措。

（续表）

过程参与者	可能发挥的作用
市政组织	协商关涉土地划拨的问题；参与解决建设过程中的社会性课题。
海港行政当局	组织协商和协调工作，代为表述港口码头使用者的利益。
投资人组织	组织协商工作，处理资金供应问题。
设计与建设组织	依据海岸带综合管理方法学进行项目的设计、建设和生态护航。
科研组织，其中包括高等院校	参与项目实施诸阶段的科研工作、环境影响评估、综合监控。
俄联邦诸行业主管部委的全权代表机构（俄联邦环境保护与自然资源部，俄联邦民防、紧急事态与救灾事务部，俄联邦卫生部，俄联邦水文气象委员会，俄联邦国防部，等等）	对环境予以实地观测与监控、提供气候数据、评估环境质量、消除紧急事态、规划协调、水利保障等。
社会性非政府组织	商讨并参与公共生态鉴定工作。

3.3.3　海岸带资源利用影响矩阵

制作影响矩阵或交互作用矩阵，可以是海岸带综合管理中拟定管理决策的一种有效手段，我们将以摩尔曼斯克州海岸带为例来研究这类矩阵。用来作为实例的这些矩阵的样本，均是匿名的，但在日后的工作过程中，可以通过以实施该类型生产活动的具体组织和公司之名来替换活动类型的方法而将这些矩阵"个性化"。

在摩尔曼斯克州的经济活动中，海洋和海岸带资源，居有一席重要的位置。这其中，现如今被最为充分地加以利用的，是海洋生物资源和海洋运输能力。在最近的远景中，巴伦支海峡石油与天然气开采的发展，当是会成为推动该州经济发展的最为重要的因素之一。表 3.2 中所示，为穆尔曼斯克州海岸带各类资源利用对其社会—经济环境和自然环境所构成影响的矩阵。

表 3. 2   海岸带资源利用所致影响的概括性矩阵

资源	对经济环境的影响			对社会环境的影响			对自然环境的影响		
	1	2	3	4	5	6	7	8	9
海洋运输业(包括港口)	9/9	5/4	8/5	5/4	8/6	3/3	3/3	4/6	6/6
文化遗产与教育水平	3/6	7/9	6/7	4/7	3/3	1/1	2/5	2/5	2/5
国防潜能	8/7	4/4	4/4	5/5	5/4	2/2	5/6	5/6	7/8
娱乐休闲潜能	5/5	10/10	7/7	5/5	3/6	2/1	5/6	5/6	5/8
海洋与沿岸生物资源	5/5	6/6	6/6	6/6	6/8	2/5	4/4	7/7	2/7
海洋与沿岸矿物资源	8/8	2/8	7/7	8/8	7/7	2/4	5/7	7/9	7/9

注:1——工业;2——旅游业;3——商贸业;4——居民生活;5——沿岸永久设施的开发;6——自然环境(对规律性特征——水流规律、温盐过程、地貌变化等等的影响);7——海岸生态系统;8——海洋生态系统;9——污染程度(一般性的:陆地、海洋、大气污染)。

矩阵的制作,是以专家评估为依据、按照利奥波德矩阵样式完成的。处于已形成各种微弱关联环境下的海岸带,就其资源利用对其各种参数所构成的影响进行量化确定,是很复杂的;有鉴于这一点,由专家予以评估的方法,便是评估这一影响的一种有效的机制。分数的分子所标示的,是因该项资源利用引发的对社会—经济范畴相应区域构成影响的程度或是对自然环境要素所构成的影响程度;而分数的分母所表示的,则是在摩尔曼斯克州海岸带综合管理区域化系统构架内对该种影响予以关注的重要性(必要性)。

在构建矩阵时,使用了 10 分制的评估等级。且接近 1 的指数,其代表的数值对应于微弱影响和该影响对海岸带相应要素所具有的低水平意义。应当再次着重指出:该矩阵仅是就摩尔曼斯克州的条件和该地区管理系统而做出的资源利用影响评述。例如,在摩尔曼斯克州诸项发展规划中,还存在着与发展旅游业相关的方案。这一产业是推动该州经济增长的要素之一。因此,为了厘清海岸带在这一过程中可能发挥的作用,矩阵中纳入了海岸带的"娱乐休闲潜能"一项

(作为一种潜在的资源)和"旅游业"一项(作为一种经济活动领域)。此外,(在"海岸带盘点"阶段)针对摩尔曼斯克州的具体条件而对其社会—经济状况所做的初步分析,已经判明:运输类地面永久设施的发展水平是很低下的。同时亦表明:摩尔曼斯克州海岸带大部分地区的公路缺乏,不仅是阻滞摩尔曼斯克州海岸带经济发展的原因,亦是对社会环境构成负面影响的原因。最后,这一因素也是沿岸村镇数量递减的原因,这对摩尔曼斯克州而言,是个重大的社会问题。渔业村镇居民人口的减少(见表 3.3),乃是摩尔曼斯克州海岸带境内诸类负面过程的发展和社会—经济环境恶化的指示器。除了海岸带地面永久性设施发展微弱之外,传统类型的经济活动的递减和经济发展的新领域的缺乏,亦是造成这一现象的原因所在。

最后,因摩尔曼斯克州 90% 以上的居民系城市人口,故在矩阵中没有包括例如农业这样的经济活动领域。同时,我们亦尽力对摩尔曼斯克州沿海地带所独有的特征,予以了关注,例如在这一区域内有若干海军基地的存在。所有这些信息的引用,均是为了着重强调已构建的这个影响矩阵所具有的区域性特点和为了有助于对矩阵的解读。

表 3.3　摩尔曼斯克州海岸带最大型村镇居民人口数量与劳动力资源动态

居民点	实有居民人口数量			劳动力资源		
	1989	1997	%	1994	1997	%
达利尼耶泽列齐	598	150	25.1	187	110	58.8
捷里别尔卡	2 300	2 000	87.0	1 266	1 271	100.4
乌拉古巴	1 296	964	74.4	838	781	93.2
奥斯特罗夫诺伊	12 800	11 000	85.6	8 720	7 774	89.2
别洛卡缅卡,列京斯科耶	834	220	26.4	14 699	12 531	17.2
合计	17 828	14 334	80.4	11 599	10 037	86.5

让我们依据具体事例来了解一下所得出这些结果。

"文化遗产和教育水平",被视作居民所拥有的知识性资源,可用于海岸带的发展(或改造)。这一资源对环境要素——"污染水平"(见表 3.2 竖栏第 9 项)所构成的影响,在矩阵中是用 2/5 的比值来表示的。

可能的解释。当今现有的知识性资源对环境的主要污染现状所构成的微弱影响(专家评估值等于 2),其原因可解释为系因生态知识水平低下、广泛公民阶层没有参与海岸带诸问题的解决、对有关综合性管理的可行性不知情,且由此产生的后果便是对自身可能在海岸带综合管理过程中扮演的角色不明了。所有这些结论,均是依据对在坎达拉克沙市区范围内进行的社会学问卷调查的分析而做出的表述。该资源所具有的利用值(重要程度),获得了十分高的评估(专家评估等级为 5),这表明:存在着由于此项资源的被利用而形成的种种潜能,即在海岸带居民那里、以其对环境污染水平会构成影响的视角去构建知识性潜能的重要性程度。经评估已经得知,这一影响的量值为中等。这表明:知识性潜能并不是决定污染水平的唯一要素;甚至在高知识性潜能条件之下,亦总是会存在着因生产性活动、城市化过程(即城市经济、废物、污水等的影响)而形成污染的可能性(或危险性)。此外,某些原则上说来可能会对污染水平构成影响的活动领域,通常并非是地区一级的海岸带综合管理系统的管理能力所能企及;因此,从区域性海岸带综合管理的观点而论,便是需要引入其他一些资源和机制来解决污染问题。例如,诸如海军这样的海岸带利用者,其运作,在很大程度上是由联邦一级的管理部门来决定的。既然在此种情形之下区域性海岸带综合管理没有可能对日常事变施以充分的影响,故从区域性规模的海岸带综合管理角度而论,知识性资源的利用价值便会降低。

对管理的建议。一种潜能难以利用,往往会导致不得不转而启用另一资源。在此种情形之下,依专家们所见,这个问题正是可以借助利用国防潜能的内部资源而得到解决。例如放射性污染的监控、核废料的利用等与摩尔曼斯克州沿海地区关系重大的问题,应当直接交由军方解决。而海岸带综合管理的任务则是:倡导启动这一过程并确保将军方提供的信息最大限度地传达给所有相关的个人和组织。

影响(或交互作用)矩阵的构建,要求有全方位的、揭示因果关系的论证。对这一论证的分析,已超出本章节所述内容范围。对矩阵的分析与构建,通常是由专家来运作。矩阵中所呈现的数据,应当被视作某些综合性的评估。这些评估顾及因海岸带资源利用而产生的影响的现状,并且可能会被管理机构人士运用于采纳相应决策的准备工作。

　　上面所展示的海岸带资源利用所致影响的矩阵,大体上证明:资源型潜能,对社会—经济领域的发展具有重大影响;对环境可能会造成负面影响。对矩阵的分析表明,就摩尔曼斯克州海岸带条件下工业门类的发展而论,意义最为重大的,便是海洋运输、矿物资源、国防潜能。在此种情形之下,国防资源影响力的大小,则是取决于国防部所属造船企业和修船企业在该州的有无。从对公共福利的改变所构成的影响的角度而论,海洋运输业则是最为意义重大的。因为,决定这一行业发展水平的,将不仅是直接性的影响,亦会是间接地、借助对其他一些行业经营活动的优化、其新的工作岗位的建立和工薪保障,等等。造成生物资源繁盛状态发生改变的影响,其重大的意义,是与解决海岸带村镇社会问题的必要性相关联的。而这其中,可以成为克服非城镇居民社会范畴内种种消极倾向的可行途径之一,便是发展海岸地带渔业和海水养殖经济。开发旅游领域内的小型商务,亦会对居民就业和提升非城镇居民的福利,产生良性的影响。总体说来,摩尔曼斯克州所特有的资源性经济的发展,对环境本底的规律性特征的改变,具有微不足道的影响。应当在这一章节中给予最大关注的是——与依赖港口改建来强化运输潜能的利用相关的水道疏浚工作和生产废料埋藏技术。不过,对矿物资源与生物资源的利用,亦要求在考虑到它们对海洋和沿岸地区生态系统所构成的影响(相应的影响评估值被确定为 7/7,7/9)的同时,予以特别的关注。从监控污染水平的视角而论,最为重要的则是:在大陆架石油与天然气开采(7/9)时,要遵守环境保护领域内的各项规则和对放射性安全(7/8)予以监控。尽管现今的辐射水平,据专家评估,没有超出自然本底,但是,此类污染可能导致的极其危险后果,还是要求应当对摩尔曼斯克州海岸带综合管理系统中的辐射监控问题,予以特别的关注。

　　摩尔曼斯克州海岸带资源对社会—经济领域所构成的重大影响、它所拥有的极高价值和投资诱惑力,决定着这一地区具有经济发展的极高潜能。不过,经济的发展,在兼顾到资源利用对环境会构成影响的同时,亦会使这些资源的利用者之间冲突性相互关系尖锐化。最受环境状况制约的,是海岸带地区海洋与沿岸生物资源和休闲娱乐资源；而石油和天然气行业、军事部门和海洋运输，则是主要的"潜在污染源"。这便意味着在这些行业之间存在着潜在的冲突。此外，封闭式行政建制辖区管理的特殊身份和封闭区域内海上航行作业管控的特殊身份，亦要求应将国防部的利益与非军事行业（渔业、旅游业、环境监测、海岸带综合监控、海洋学研究）的利益相互协调起来。

3.3.4　自然资源利用者潜在冲突性分析

为了判明各类资源的利用者之间潜在冲突性水平，可以运用俄罗斯国立水文气象大学研制的海岸带利用者交互影响矩阵。就区域性规模而言，可以不对资源利用参与者（如生产类企业、公司，等等）予以具体的划分，而只是将利用者作为一种广义类型——即与海岸带开发相关的一定资源的利用者或一定生产功能的执行者予以描述。在这一矩阵中，具体的利用者被标示如下：在 B 栏中，利用者是以行业名称或活动类型被指代的；在 A 栏中，则是被用序列号来标注（详见表 3.4）。

在矩阵中，B 栏中标注的利用者与 A 栏中的利用者之间的交互影响类型被揭示出来。原则说来，两类利用者的交互关系，可能会导致正面或负面的效应。在描述它们的交互关系时，使用了下列标记代码：

+2——表示会导致相互构成正面效应的交互影响；

-2——表示会导致相互构成负面效应的交互影响；

+1——B 栏利用者的活动会对 A 栏利用者构成积极影响；

-1——B 栏利用者的活动会对 A 栏利用者构成消极影响；

0——表示不存在直接性的交互影响。

表 3.4　白海坎达拉克沙湾海岸带各类资源利用者交互影响分析矩阵

B＼A	1	2	3	4	5	6	7	8	9	10	11	12	13	14	影响类型
1. 海洋运输	X	+2	+2	+2	+2	0	0	+2	0	0	+1	+1	0	0	A
2. 码头使用	+2	X	+2	+2	+2	-2	-2	+2	+2	0	+2	0	-1	0	O

（续表）

B \ A	1	2	3	4	5	6	7	8	9	10	11	12	13	14	影响类型
3. 新码头建设	+2	+2	X	+2	+2	−2	−2	+2	+2	−2	+2	+1	−2	−1	A
4. 清淤工程	+2	+2	+2	X	+2	−2	−2	+2	+2	−2	+2	+1	−2	0	A
5. 铁路和公路运输	+2	+2	+2	+2	X	0	+1	+2	+2	−2	+1	+1	0	0	A
6. 沿海渔业	0	−2	−2	−2	+1	X	−2	−2	−2	−2	0	+1	+1	0	C
7. 水产养殖	0	−2	−2	−2	0	−2	X	−2	−2	−2	−2	+2	−1	0	D
8. 碳氢化合物开采	+2	+2	+2	+2	+2	−2	−2	X	0	−2	−2	+2	−2	+2	O
9. 沙石开采	+1	+2	+2	+2	+2	−2	−2	0	X	−2	0	0	−2	0	O
10. 娱乐休闲业	0	0	−2	−2	−2	−2	−2	−2	−2	X	−2	0	−1	0	D
11. 海军	−1	+2	+2	+2	−1	−1	−2	−2	+1	−2	X	+1	−2	0	D
12. 海洋科研	0	0	0	0	0	0	+2	+2	0	0	+1	X	+2	0	B
13. 环境保护	−1	−1	−2	−2	−1	−1	−1	−2	−2	+1	−2	+2	X	−1	D
14. 水能工程	0	0	0	0	+1	+1	+1	+2	0	0	0	0	−1	X	A

　　在构建矩阵时,应当遵循一定的规则,这会使得可以实现矩阵编制过程的某种机械式控制。矩阵是按照 B 栏中确定的顺序进行排列的。矩阵数据填写完成之后,便可以根据交互影响初步评价在 A 行指定顺序中的对应关系,对矩阵予以分析。

　　显然,互为积极性的交互影响和互为负面性的交互影响,应当是吻合一致的。若是出现了差异,那便需要再次进行分析和对矩阵进行校正。将交互影响按照＋1、－1类型进行描述，则可能会是不吻合的。

例如，海岸带地区的渔业的发展和与此相关联的沿海村镇的复兴，可能会对海岸带地区公路网的发展形成有利影响。然而，也不见得就可以得出相反的结论。矩阵的这一非对称性，正如将会在接下来所揭示的那样，会使得可以就海岸带的该位利用者对经济活动总体结构的贡献，予以量化评估。

对编制完成的矩阵进行分析，使得可以判明海岸带各类不同利用者之间可能会于经营活动过程中产生的潜在冲突的类型。我们要同时附带说明一点：我们不是把海岸带利用者划分为"不好的"或"好的"。潜在的冲突，通常被视作客观存在着的交互关系的结果；而这种客观存在的交互关系，则是因在对待同一资源态度方面的差异而形成的。

对潜在冲突进行分析，就是要对海岸带每一利用者的能动性程度予以界定、对他与其他利用者的交互影响类型予以界定。弄懂种种冲突关系产生的客观原因，将会有助于对那些用来谐调海岸带利用者关系的建议与措施予以精准的定义；这亦是海岸带综合管理的任务之一。

冲突水平的分析方法，是在俄罗斯国立水文气象大学海岸带综合管理教研室里研制出来的。为了进行分析，我们将使用代表每一对资源利用者交互关系的数值，为每一 i 行$(P1)_i$ 和每一 j 列$(P2)_j$ 求出它们的和，然后再求出它们的差：

$$P_i = (P1)_i - (P2)_j \tag{3.1}$$

求出行与列之和间的差，其意义在于：行之和，代表着海岸带利用者本身对其他参与者所构成的影响；而列之和，则代表着其他参与者对海岸带利用者构成的影响。这个差值越大，海岸带利用者的作用便越大。对所得结果进行比较时，马上便应当注意到，差的绝对值，因所选数值等价物的随机性，暂时还没有特别的意义。不过，已经得出的结果，则是为不同利用者实例说明着对其所作评价的相对分布状况。这类评价可以被称之为经济活动总系统中"海岸带利用者的能动性指数"。这一能动性指数，以两个被加数之代数和的形式被记录于矩阵之中。这一和的数值，代表着 i 类海岸带利用者对其他利用者所构成影响的程度，或是 i 类海岸带利用者对其他利用者的依赖程度。该和的数值越大，该利用者

便是越具能动性。在此种情形之下,应当被划入最具能动性的海岸带利用者之
列的,是铁路与公路运输业和沿海渔业。对它们而言,其能动性指数为 5 个标准
单位。然而,诚如由矩阵中提供的数据所得出的结论那样,海岸带的这些利用者
们与其他利用者之间相互影响的特点,是形形色色的。若是说,首先,运输业地
面基础设施的扩展,将会对海岸带其他利用者的活动构成良性影响,那么,沿海
渔业的发展则大体上将会遏制海岸带其他利用者们的活动。因此,为了确定该
利用者在经济活动整体结构中所扮演的角色,仅有一个能动性指标,实际上是不
够的。

可以指出:有四种交互关系类型是可能存在的,这取决于行 $(P1)_i$ 之和的标
记代码和 P_i 之结果的标记代码。表 3.5 是交互关系类型确定法。

表 3.5　交互关系类型确定法

P_i ╲ $(P1)_i$	积极的	消极的
积极的	A 利用者自身的积极影响	B 对利用者的积极影响
消极的	C 对利用者的消极影响	D 利用者自身的消极影响

对海岸带利用者间的交互作用,在顾及他们的潜在冲突性的同时,可以如下
方式予以表述:

类型 A——具有轻微潜在冲突的类型。该类型的海岸带利用者,通常可能
会与个别利用者存在某些利益分歧,但总体说来,是与其他大多数利用者营造出
良好的相互作用环境,因此,该类型的海岸带利用者给予其他利用者的影响,是
具有积极性质的。

类型 B——无意涉足冲突的类型。总体说来,对这一类型海岸带利用者而
言,正在形成受到其他利用者支持的环境。因此,这一类型的利用者,对制造冲
突没有兴趣,并随时准备做出妥协。不过,这类妥协,并非总是会与大多数人的
利益相符合。因为,这类妥协的目的,仅仅是要协调两个或数个利用者之间的关
系。该类利用者随时准备着为某些利用者的利益去游说而使另一些利用者的利

益蒙受损失。

类型 C——被迫投入冲突类型。总体说来，此类海岸带利用者，通常会遭遇来自其他利用者的负面性压力，因此，他们会随时准备为捍卫自己的利益而投入战斗。该类利用者是被迫投入为捍卫自己的资源而产生的冲突和斗争中去的。

类型 D——处于冲突生存状态下的类型。总体说来，该类型的海岸带利用者对其他利用者构成消极影响并因此经常遭遇到他们的抵抗。对这类抵抗，他又不得不予以克服；于是，冲突便发生了。

类型 O——冲突得到平衡的类型，当能动性指数为 0 时，也会存在着一种交互作用的可能。此时，正面的影响与负面的影响，可能恰恰会使双方得到平衡。这是对潜在冲突的最佳评价，因为，海岸带利用者会获得一些被他的正面影响所吸引的长期合作伙伴。另外，他亦会体验到某种负面的压力并因此而领悟到这一状态的复杂性。某一利用者，因自身利益之故而会对那些有助于自身发展的其他利用者予以支持。因此，在寻求折中办法时，他便会努力寻觅到不仅会令自己，亦会令伙伴满意的解决方案。而他的对手们，是不会接受那种会与他们的基本目标背道而驰的折中方案的。如此一来，冲突等级为 0 的海岸带利用者，客观上便是应当会去寻求有利于大多数利用者的解决冲突的办法。冲突等级为 0 的利用者，就参与海岸带综合管理过程而言，是最为适宜的伙伴。

分析为白海坎达拉克沙湾海岸带有代表性的利用者构建的交互影响矩阵，其结论使得可以按下述方法、依据交互影响类型对这些利用者予以类分（见表 3.5）①。

拥有类型 A 交互关系（轻微的冲突性）的是那些与运输业和水能工程相关的海岸带利用者。确如已经表明的那样，运输业永久性地面基础设施的缺乏，明显阻碍着海岸带的发展。与涅瓦河水电站建设相关的淡水径流调控，导致坎达拉克沙湾海水盐度的提高和其产能的提升。这对沿岸渔业和水产养殖业具有有

① 有关坎达拉克沙湾海岸带资源利用者的较为详细的描述，可见于 Exit from the Labyrint-Integrated coastal management in the Kandalaksha District, Murmansk Region of the Russian Federation 一文，载《海岸带地区与小型岛屿论文集》，联合国教科文组织，巴黎，2006 年。

益的影响。

属于类型 B(与冲突无涉)的利用者是海洋科研人士。海洋科研人士,客观上将总是会支持可能成为科研工作潜在用户所从事的那类活动。而扮演这类用户角色的,多半是类型 A 的海岸带利用者。因此,这一类型的海岸带利用者们对那些可能会令即成局面发生改变的冲突,不感兴趣。

被列入类型 C(时刻准备应对冲突)的利用者是沿海渔业。目前,它正经历着相当大的困难并时刻准备着捍卫自己的利益。这类困难与石油—天然气开采行业的发展相关。

被列入类型 D(处于冲突存在状态下)的利用者是自然环境保护活动和作为海岸带利用者的海军。在这类利用者那里,一种潜在冲突的成因,依作者所见,便是他们具有一个与禁止、调控、保护功能相关联的共同特点。确实,环境保护要求一些相应组织应予以监控;在某些情况下,则要求对违反既定规则的利用者予以相应的制裁(约束)。这完全可以被称之为恰如一种冲突性的态势。确实,水产养殖业发展方面的经营活动,因一些可以理解的缘由而与自然环境保护活动有着紧密的关联;且这一活动所具有的、与自然环境保护有"连保责任关系"的冲突性,也是相当明确无疑的。海军,作为海岸带的一个特别的利用者,亦在一定程度上严格限定着其他利用者的活动——例如,为他们的居住地、海上航行和渔业捕捞作业制定出一些特别规范。

那些与港口永久性地面设施的使用、有益矿产的开采相关的海岸带利用者们,属于冲突性已得到平衡的活动范畴。应当指出:这些方面的经济活动,关乎摩尔曼斯克州海岸带一些崭新前景的发展;因此,将此类利用者吸纳到海岸带综合管理系统中来,乃是一项首要的任务。

已经得出的这些研究成果,可以用之于在实现海岸带综合管理区域观念框架内使摩尔曼斯克州海岸带各类利用者的关系达到和谐融洽。

3.3.5　社会舆论研究

在海岸带综合管理规划倡导过程中完成的对所选定的沿岸地段的综合性评价,以及对规划中的建设项目是否与区域发展总体战略规划相符合而做出的论证性确认，可能会是实施建设—投资项目下一阶段——"建设投资论证的研制"的基石。考虑到获得社会支持的必要性，可以认定，在投资建设论证阶段，便进行与公共关系概念议案相关的部分章节的研究拟定工作，是适宜的。这一公关概念，系被用来树立该项目的良好形象和为对项目进行生态的社会评估做准备。

在向接下来的项目实施的投资时期过渡过程中，在"项目文件拟定"阶段，海岸带综合管理方法论，可以在编写《环境保护》章节时、在研制吸引社会各界参与环境影响评估程序的方法的语境中，得到运用。依据《俄联邦建筑标准与规则11—01—95》之规定，环境保护章节，应当包含生态的社会评估诸要件。不过，对生态评估这一程序本身，该文献表述得相当不明确。在运用海岸带综合管理方法的语境下，社会各界的参与问题，正在较之仅仅参与生态社会评估更为宽泛的层面上被提出来。在论及环境影响评估过程时，"社会各界"这一术语的使用，乃是意指那些与拟议项目的实施有着利害关系的或亦可能是处于该项目影响之下的人群、团体、组织和联合体。总体而论，比较分析表明，俄罗斯境内所采用的环境影响评估程序，是与必要的国际准则相符合的。

海岸带综合管理的方法论，是将社会各界的参与视作一个连续不断的过程。这一过程，应当始于首次宣布建设项目意向之时，并一直存续到该项目完成之日。可以作为吸引社会各界参与环境影响评估程序的理由而提及的有：

◇ 向可能会受到项目影响的人提供机会，使其能够为项目的规划、评估与监控做出自己的贡献；

◇ 向社会各界通报有关拟议项目的性质、位置和结构的信息。公众需要这样的信息，以降低其忧虑程度并获得相应地规划自身生活的机会；

◇ 确定环境影响评估的规模。那些受到项目实施措施波及的人，在判定需要予以分析研究的重大问题和重大抉择事项时，以及在确定环境影响评估的时限时，均会发挥作用；

◇ 为举办公开会晤和咨询会议确定协同一致的规则与程序。

社会各界的参与，会确保环境影响评估的公开性，且最终亦会确保在环境影响评估范围内所采纳的决策具有可接受性、责任性与权威性。将公关工作从项目开发活动中剔出，可能会导致这一缺位被社会性的或其他非政府的组织所充占。而这些组织的集团利益,则可能会与项目执行者的利益产生差异。这最终便可能会导致对待项目和对待项目实施中出现的困难持抱消极态度的形成。有鉴于生态修养与教育的现有水平及社会舆论研究的经验,故可以为吸纳社会各界参与环境影响评估程序规定出如下行动次序:

◇ 零位阶段——将公众的自然环境保护初级教育提升至适应接受信息化的水平;

◇ 准备阶段——在首次提出项目案议(即环境影响评估申请)时,发布社会各界可以参与项目研讨的信息通报;

◇ 环境影响评估的规划——在确定生态选题时,社会各界应当参与环境影响评估初期规划过程中对评估规模和生态的原始一基础监测的确定。而在某些情况下,亦应参与对减轻影响所采取的措施的认定;

◇ 执行阶段——社会各界应当被给予审查和评议环境影响评估每一执行阶段的机会;

◇ 结束阶段——环境影响评估结束之后,社会各界应当可以对最终分析研究予以审议和提出建议,也可以向推动项目启动并进入实施期的机构,提交评议意见;

◇ 项目完成后阶段——项目完成之后,应当确保向社会各界定期通报有关该项目运营进程的信息,其中包括可以获知有关任何一种对环境构成影响的数据、各类监测图表和为减少影响而采取的措施的效益图表。

可以建议运作如下事项,作为吸纳社会各界参与环境影响评估的方法:

◇ 在拟议的建设项目区域内对公众进行社会学问卷调查,旨在对信息知情水平予以评价、判明获取信息的来源和查明与社会各界之间最为有效的信息联络渠道、对社会各界积极性水平和公众的忧虑程度予以评估、查明社会各界对项目所持有的总的态度趋势,以便对项目运作措施方案予以可能的修正;

◇ 对传统认知(一些符号、民间的一些指标,等等)予以研究,旨在为了规划评估而确定敏感生态系统的载荷指标;

◇ 利用最佳的信息传播渠道提供有关项目实施的计划时限、顺序和目标的信息。例如，对彼得格勒州普里莫尔斯克港社会舆论所进行的研究——其中包括确定与社会各界建立信息交流最有效渠道的课题——表明：为了达到这一目的，运用当地的各种大众信息传媒，较之运作全俄性的大众传媒，具有一些优势；

◇ 在预定的建设施工地点制作和布设直观性宣传鼓动信息（如广告、信息牌，等等），举办反映项目实施前景与要点的展览和陈列；

◇ 借助大众信息媒体定期举办与项目客户、设计者和承包商诸方代表以及地方行政部门、管理和监督机构人士的访谈和座谈节目；

◇ 组织社会人士和社会团体代表人士的讨论会、圆桌会议，其中包括运用无线电广播和电视手段。

在环境影响评估结尾阶段，应当形成一份简要的总结报告。该简要报告应使用非专业性的、为公众所能理解的语言；应运用统计数据和各类图表，通过描述社会各界参与环境影响评估的过程、列举已实施的社会措施和咨询活动等等方式，使报告内容丰富充实。这份简要总结报告，作为公关工作成果的总结性文献，应当在民众中得到最大限度的传播；而令民众最为喜爱的传播形式，则是出版单行版本的折叠式印刷品。

1999—2001 年间的夏季，曾在彼得格勒州普里莫尔斯克港居民中进行过社会学问卷调查，其目的是要研究有关建设石油运输码头问题的社会舆论。调查者对 2001 年这次问卷调查结果所表现出的主要兴趣，是要查明社会舆论可能会因建设施工进入活跃期而发生变化。第一次问卷调查（1999 年），是在建设开工前进行的。第二次问卷调查（2000 年），则正值建设初始时期。为了使调查结果具有可比性，问卷中一些主要问题的表述，没有变化。问卷调查是在学校暑期实习期内进行的，并有俄罗斯国立水文气象大学海岸带综合管理专业在校学生的参与。现在让我们来研究分析一下问卷的一些主要答案和社会舆论的变化趋势。

居民的信息知情度。对问卷中"您是否具有港口（即管道运输系统）建设规划方面的信息？"问题所做的回答，可以下述方式予以分析：回答"有"——这意味着被询问者认为，他对已经开工的建设工程有足够多的了解；回答"略知"——这意味着有一定的信息量，并期望这一信息得到补充；回答"没有"——这被视作所获信息不令人满意。

总体说来,就所有年龄组而论,有 42% 的受访者回答称:他们对自己所知晓的有关港口建设的信息,感到满意;有 36% 的人回答称他们获得了部分信息;另有 22% 的人称他们没有获得这类信息。并且这最后一类人中,有一半属于 15—20 年龄组,另一半人则属于 40—50 年龄组。表 3.6 所示,系对这一问题的回答与前次问询结果的比照。

表 3.6　居民对港口建设的一般信息知情度

(按受访者人数百分比计)

调查年度	答案"有"	答案"略知"	答案"没有"
1999 年	20	67	13
2000 年	13	76	11
2001 年	42	36	22

2001 年调查中出现的否定性答案百分比的提高,依我们所见,并非证明居民信息知情水平的减弱。40—50 年龄组所做出的回答,是因为此类人群几近普遍地对港口持有消极态度所决定的。对青年人群组(15—20 岁)所做的回答,不可将之认作完全具有代表性,因为在对接下来的关涉信息获取来源诸问题之一所做的回答中,这一年龄段中仅有半数受访者(占总受访人数的 6%)肯定地说,他们确实没有获得过任何信息。其余人则指明了他们获知某一信息的不同的来源。此外,肯定性答案的大幅度升高(达 42%),使得可以提出一项建议,即应对普里莫尔斯克港居民了解港口规划与前景的信息知情度水平,予以实质性的改善。如此一来,提升居民信息知情度水平,便是一种与港口码头建设项目的实施相关联的恒定的趋势。

可以作为此论实证的,还有居民对是否期望获取有关港口建设与发展的额外信息的问题所作回答的比例分布。2000 年时,回答"是"的受访者为 51%;回答"否"的为 20%。2001 年时,回答结果的比例分布如下:"是"为 38%;"否"为 33%;"无所谓"为 28%。对这些评价进行一番比照,便可以做出这样的推测,即信息量已达到了一定程度的饱和;故获取新信息的兴趣,有所减弱。

2001 年进行的问卷调查,其结果证实了这样一个结论:与港口码头建设相比,居民对有关管道运输系统建设问题的知情度是低下的。对关涉该系统的信息问题,仅有 20%的受访者做出肯定的回答;30%的受访者做出否定的回答;而大多数受访者(50%),则回答称他们只获知部分信息。

在回答有关信息获取来源问题时,大多数人提及的是大众信息传媒(52%);有 33%的受访者指出信息来源于熟人、亲人(需要指出,此类受访者中,有 11%,即三分之一,属于 15—20 年龄段人群);有 14%的受访者回答称没有获得信息。2000 年进行的问卷调查,其答案的分布如下:信息来自不同级次的大众信息传媒的,为 40%;来自熟人的为 43%;无法确定信息来源的占 17%。我们认为,对问卷调查结果所做的这一比照表明,大众信息传媒在阐释码头建筑方面所发挥的作用,得到了加强。

对建筑工程所持有的一般态度。表 3.7 所示,系依据问卷调查结果而得出的对港口建设所持有的一般态度的三年间动态指标。

表 3.7　依据 1999—2001 年年间进行的社会学问卷调查结果得出的对普里莫尔

斯克港石油码头建设所持态度的变化(以受访总人数的百分比计)

调查年度	"肯定的"	"不确定的"	"否定的"
1999 年	44	19	37
2000 年	48	16	34
2001 年	55	17	28

对此表中引用的问卷调查结果所做的研究,以及对诸年龄组人群答卷所进行的补充分析,使得可以做出如下结论:

◇ 在普里莫尔斯克港石油码头建设项目实施进程中,当地居民对该建设项目的支持度因否定比率水平的降低而有着稳定的提升趋势;

◇ 普里莫尔斯克居民已将港口建设视作其生活中的一个重要构成部分。大多数居民都能相当明确地确定自己的态度。在整个建设时期内均无个人主见的居民,其百分比不超过 20%。这再一次证明将广泛阶层的公众吸引到海岸带综合管理过程中来的潜在可能性与必要性;

◇ 就诸年龄组所做的分析表明,对码头建设项目最为支持的那部分人群,
是 15—20 年龄段的青年人,接下来是 50—60 年龄段的老年人群和领退
休金的年龄段人群(即 60 岁以上者)。

对待港口建设所持态度的行为动机。对预测形势变化和制定社会影响机制
的一些参数予以评估的初次尝试,始于 1999 年。当时的问卷调查结果表明,居
民基本上是将社会—经济状况变化的机遇与港口建设联系在一起:有 62% 的人
认为,这一机遇是完全可以变为现实的;有 18% 的人不相信或者是没有将这一
过程与新港口的建设联系在一起;有 20% 的人无法确定自己对这一问题应持何
种态度。

因 2001 年所进行的问卷调查,一些数据始被获致并得以解析。这些数据,
使得可以查明令居民对待石油码头建设态度形成的那些主要的印象构成组元。
问题是以如下方式表述的:"您预料石油码头建成后会出现哪些积极(或消极)的
变化?"

答案因差异可以分作两个主要的组别:

◇ 居民的积极性的预期,是与期望改善他们的物质状况(占受访者 36%)、
期望改变他们生活的社会环境和期望将普里莫尔斯克转变为现代化城
市(19%)相关联的;

◇ 那些引起居民担忧的消极因素,可以简要地表述为是一些与环境质量恶
化相关的生态因素(64%),及与违法犯罪局面恶化相关的社会因素
(11%)。

根据 2001 年所进行的问卷调查结果,有 45% 的受访者回答称,他们没有任
何与港口建设相关的积极预期。这与 1999 年进行的评估相当接近。因为,与港
口建设和使用相关的经济活动,其实际的影响,暂时尚未被人们所感知,故此时
几乎是不必期待会出现重大的变化和积极趋势的增长。与此同时,亦应当注意
到,有 25% 的受访者认为不会出现任何消极的变化。这可以被视为一个积极的
事实。

表 3.8 所示,系依据问卷调查结果得出的在建建筑工程对生活环境变化影
响的评价。

表 3.8   依据 2000—2001 年社会学问卷调查结果得出的建筑工程对普里莫尔
斯克居民生活环境的影响(按受访者总人数百分比计)

调查年度	"受到影响"	"未受到影响"	"难以回答"
1999 年	未进行问卷调查		
2000 年	20	61	19
2001 年	34	43	23

正如所预期的那样,随着建筑工程的进展,它开始对居民生活环境的改变形成较大的影响。然而,有这样一个事实却是令人生疑的:在声称建筑工程未对其生活构成任何影响的受访者中,有近半数(20%)系 25 岁以下的年轻人。

动机性符号的拟定,需要运用一些应当能使受到项目影响的那类人群便于理解的方式。普里莫尔斯克港口码头的建设,便是以一种自然的方式被与城市发展观念联系在一起。"在人们时下的想象中,自己的城市的未来将会是怎样的?"——这一问卷调查题在 2001 年进行的调查中被再度提出。问卷调查结果表明,同 2000 年一样,大多数受访者(50%)表达出乐见普里莫尔斯克发展成为一座疗养休闲城市的意愿;有 17%的人(同上一年度一样),乐见普里莫尔斯克发展成工业化城市。将普里莫尔斯克发展成一个港口城市的主张,没能成为更受欢迎的共识。

3.3.6   风险管控的基本原则

日常生活中,我们每天都会与造成某种物质或精神损害的风险相遇。一般情形下,风险——这是某种可能会产生潜在负面影响并由此而造成损害的事件将要发生的或然性。这一损害应当被理解为:因某些自然的、技术原因的或社会性的事件或现象所致环境变化而造成的事实上的或潜在的经济或社会损失(正常的经济活动的破坏、财产的损失等);人们的健康和生命、财物、文化、历史和其他自然奇珍所蒙受的全部或部分损失;被破坏事物的状态发生变化所产生的后果(通常表现为其完整性遭到破坏或其他一些特质的恶化)。

如此说来,此类事件(或影响),就其发生的原因而论,便可以是:自然性质的

（即那些可能会破坏海岸带发展可持续性的自然灾害和惨烈祸患——风暴潮、台风、海啸等）；人为性质的，即与人类生产活动或其他一些类型的活动相关的（如石油泄漏事故、环境污染等）；与市场形势变化相关的经济性质的（如石油运输水平和世界石油市场价格的波动）；社会性质的（如政局的不稳定）。既然在海岸带综合管理的跨学科方法框架内，海岸带被视作一个统一的自然和社会—经济系统，那么任何一种消极影响，都将会以某种程度在海岸带功能运作的所有方面反映出来。这一问题正在变得复杂化，这也是因为在某些时候，一桩事件可能会成为其他一些负面影响发生的"启动机制"。而由此产生的巨大损失，可能会超出最初那个事件所造成的损失。例如，1963 年日本沿海附近发生海啸时，给日本的新潟市造成很大的物质损失（以致这次海啸经常被称之为新潟海啸）。不过，与其说最大的损失是由这次海啸的巨浪造成的，不如说是由一些石油加工企业发生的火灾造成的。因地震和海浪造成破坏而引发的电力输送网出现短路，成为这些火灾的起因。2011 年 5 月 11 日，在那场近年来最强烈的地震之一发生之时，类似的情形也在日本出现。因地震之故，9.0 的震级，形成了最高达 40.5米的海啸巨浪。海岸地带受涝总面积达 561 平方千米。有 12.7 万幢建筑物被毁，100 余万建筑物受到不同程度的损坏。因海啸而丧生的人口为 15 893 人，另有 2 572 人下落不明。此次海啸影响造成的损失，据评估大约为 2 210 亿美元。然而，海啸数天后发生的福岛核电站泄漏事故所造成的危险，也同样是十分可观的。其供电系统的损坏导致在 3 月 14、15 日，即在此次海啸影响之后数日内，发生了两次爆炸。因此次事故而出现了放射性空气污染和放射性物质泄入海洋的危险。大约有 15 万人从可能的核污染地区被疏散撤离。

　　有文献记载以来最为惨烈的海啸，发生于 2004 年 12 月 26 日。引发此次海啸的地震，其震中位于印度尼西亚的苏门答腊岛西北海岸地带附近。该次地震的震级据初次的评估为 8.5 级。后来根据多方不同的评估，提高至 9.1～9.3级。据经过确认的数据统计，因此次海啸而丧生的人数为 184 000 人；而依据未经确认的数据统计，则为 235 000 人。如此巨大的死亡人口，是对印度尼西亚海区内发生海啸问题未予以重视的后果；进而亦是缺乏削弱海啸负面影响风险的精准战略的后果。2002 年（即在此次悲剧发生前二年），曾在国际层面上研讨过有关依照很早之前便已在太平洋地区成功运作的工作样式建立海啸早期地区预警系统问题。然而，因资金方面的考量，这个建议没能获得支持。同时，据一些最为粗略的估算，有 6 万人本应是可能获救的，因为海啸引发的海浪，曾延迟一个多小时才抵达海岸带的这些地段。也就是说，在这段时间里，应当是可以将大部分居民和来访的游客撤离受淹区域。尤其是，海啸海浪于海啸发生后的 6～7 个小时方抵达索马里海岸，而抵达位于距海啸中心大约 8 500 千米之遥的南非共和国海岸，则是经过了 16 个小时；在这两种情形之下，居然也发生了人员死亡的现象。显然，对那些位于直接靠近海啸中心的海岸带地区而言，海啸抵达海岸的时间，可能会少于做出决策所必需的时间。然而，即便在这样的情形之下，大自然还是提供了一定的逃生机会。据一些生还的目击者称：当时，"四下里曾有过一阵令人生疑的寂静：平日里常有的那种大海浪的喧嚣、鸟儿的鸣叫，都听不到了"。大海退去，大量游客①奔向"已经见底"的海滩去捉海螺、海星和鱼儿。令人诧异的是，所有这些怪异的现象，非但没有使人们警觉起来并离开大海，却是相反，竟激起了他们的好奇心。据官方数据统计，外国游客因此次海啸而丧生的人数为 9 千余人，主要来自斯堪的纳维亚诸国，部分来自瑞典，即来自那些其国民与日本国民相比对有关发生海啸危险时的行动规则具有较为薄弱概念的国家。若是以教育公众、为游客提供信息、对海岸带旅馆从业人员进行专门培训为目的的多种信息沟通计划曾经存在，那或许可以大大减少因海啸所致的人员伤亡和降低损失。

故，在对风险予以评估时，重要的因素，不仅仅是某种不良事件出现的概率，还存在着其他一些重要因素——此种不良事件是在什么条件下发生的、它发生的地理位置、该沿海地区的经济发展水平和海岸带居民人口密度如何，救助服务是否具备并发挥着作用，等等。因此，那些能够相应地量化描述不良事件发生的概率和该不良事件可能造成损害的概率的风险计量与等级，乃是风险评估的基本指标。

风险评估，在一般情况下将会受制于下述因子：

---

① 12 月底是印度洋海岸那些著名度假胜地的度假季高峰期。

$$P= f(Pa, H, P_H, K, B) \tag{3.2}$$

其中:P——风险评估,即对某一事件将会发生,且该事件将会对居民、环境及建筑物和工业设施属性等等具有潜在负面影响的可能性的评估;

Pa——依据此前事件发生的次数而计算出来的自然灾害发生的概率;

H——自然灾害表现的量化指数。超越这一指数,便会导致出现一些质的破坏性过程;

P_H——质的破坏性过程发生的概率;

K——描述某些事件吻合概率的系数;此类事件可能会使损害程度提高(例如,大潮时段海啸来临的概率,此时,受淹区域将会是最大的);

B——描述海岸带该地段现状(即生产活动发展与条件系数)的参数(人口密度、生产性质、建筑类型等)。

海岸带综合管理的使命,不仅仅是要对风险予以评估,还有对风险的管控。这一管控的宗旨,便是要通过采取对策、制定措施来弱化不良后果的办法,降低可能造成的损害程度。海岸带综合管理系统中风险管控的一般性流程,可以用表 3.9 中所示的四个连贯阶段的形式予以描述。各种各样的方法,均可以被用之于风险评估的具体场合,但这些方法所具有的共同意义,是始终未变的。这一流程,既可以运用于对不同地段的风险管控,亦可以用于对整个海岸带的风险管控。分属于各种不同表象的风险,其具体的评估实例,将在下面受到分析研究。分析这些实例的目的,是要揭示在各种不同的经济的和日常生活的活动(经济的、自然环境保护的和属于自然灾害表现的活动)范围内采用一般方法的可能性。

表 3.9　风险管控行动的一般顺序

阶段	主要目的	行动
第 1 阶段	风险及其优先等级的认定	查明引起影响的原因; 研究各种形势和可能出现的后果; 判明需要首先采取措施以令其削弱的那些损害。
第 2 阶段	风险评估与风险描述	确定影响最终转变为损害的临界参数; 评估超越临界参数的概率; 研究弱化损害的可行措施;

阶段	主要目的	行动
第3阶段	管控决策及其执行	选定弱化损害的措施; 研制降低风险的可选预案; 研制消除不良后果的方案。
第4阶段	管控措施成效评估	评估决策的有效性; 研制优化管控措施的建议。

3.3.7　海岸带综合管理条件下海平面波动计算方法

因各种各样的自然过程(涨潮、海啸、风暴潮)之故,便会发生受长波浪的形成制约的海平面的波动。

海平面在每一种自然过程中,均具有独特的波动规律。这类波动规律的存在,会对海岸带经济活动的秩序,构成实质性的影响。如若说,在生产活动管理中,对具有拟周期性质的潮汐波动规律予以关注,是件相当简单的事,那么,在规划海岸等地带的发展时,那些总体说来会导致海岸带发展稳定性降低的自然灾害影响,便要求应制定出旨在降低潜在影响所致负面后果的针对性对策。

据海岸带综合管理方法论的观点看来,这便意味着:一方面,有必要对危险地带的经济活动,予以规范化的调控;另一方面,则是要制定出弱化自然灾害所致负面影响的对策。在海岸带综合管理系统中,对自然现象的关注,应当着力于:

◇ 判明蒙受不同影响程度自然灾害的地带;

◇ 制定详细规定海岸带建筑规划专项条例的规则;

◇ 对旨在提升建筑物功能稳定性的建筑标准和规则(即俄联邦《建筑规范与法规》)予以增补充实;

◇ 制定消除自然灾害后果的方案;

◇ 创建公众信息通报系统;

◇ 培训公众掌握自然灾害发生时的行为规则。

十分明显,在对这些自然现象予以理论与实地研究基础之上,创建科学论证

基准,乃是海岸带综合管理措施的实施、决策的制定与采纳、规范文献的拟定的
基石。图 3.3 所示,系对全球海洋海啸发生所做的统计,并附有即成损失的
数值。

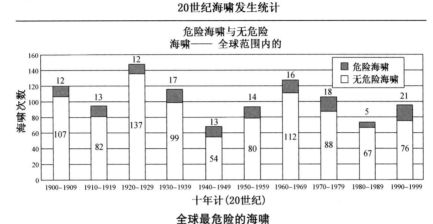

20 世纪海啸发生统计

全球最危险的海啸

深度	年份	地点			
40 000	1782 年	中国南海	3 620	1899 年	印度尼西亚班达海
36 500	1883 年	爪哇海	3 000	1692 年	牙买加
30 000	1707 年	日本南海道	3 000	1854 年	日本南海道
26 360	1896 年	日本三陆	3 000	1933 年	日本三陆*
25 674	1868 年	智利北部	2 243	1674 年	印度尼西亚班达海
15 030	1792 年	日本九州岛	2 182	1998 年	巴布亚新几内亚
13 486	1771 年	琉球海沟	2 144	1923 年	日本东海道
8 000	1976 年	菲律宾棉兰老岛	2 000	1570 年	智利
5 233	1703 年	日本栗津	1 997	1946 年	日本南海道
5 000	1605 年	日本南海道	1 700	1766 年	日本三陆
5 000	1611 年	日本三陆	119	1964 年	美国阿拉斯加
3 800	1746 年	秘鲁利马			

注:所列举的 20 世纪之前的统计数据
为近似值。
信息来源:美国国家气象局国家地理数据中心

图 3.3　20 世纪海啸发生统计(据美国国家气象局国家地理数据中心
提供的数据。用颜色标示具有重大灾难性后果的海啸的数量)

从上面引用的统计中可见,每十年便会发生 54～137 次海啸事件,且总体说
来,有约 10％～25％的海啸对居民、交通运输地面设施和所有经济生活构成重
大灾难性后果。

在海岸带综合管理框架内,依据海平面波动特性制定海岸带区域划分方案,

也许会成为对海平面这个影响海岸带经济活动系统的因素予以关注的机制的依据。现今国内外实践中采用的不同地区的地震图谱，可以作为运用这一方法的实例。特别重要的是：此类地震图谱，是确定该地区抗震类建筑标准、规划各种用途建筑工程项目选址等等的规范性文献构成之一部。在关涉海平面问题方面，类似的区域划分系统图谱的阙如，会导致经济活动管理中的不确定性和随意性的发生，且最终会导致经济和社会损失规模的提高。因海岸带综合管理方法的缺乏而产生的那些问题，其具体的实例，便是在海岸带危险地段兴建不符合安全要求的各种楼宇和工事（例如，在可能会下沉的海岸区域内私建乱盖）。另一方面，在对每一单独的工程进行设计时，对自然灾害影响风险的关注，时常会引发"多次性"的风险评估，由此一来，总体言之便会导致设计费用成本的提高。

因此，海岸带地段区域划分程序，通常要求履行下述步骤：

◇ 对海岸带进行注册盘点，其中包括对坐落于海岸带境内的工程项目予以登记说明；对生产系统受到破坏的后果、工程项目的火灾风险、有害和毒性物质现有数量，予以评估；

◇ 研究历史和收集有关先前自然灾害发生情形的数据资料，评估自然灾害的周期性（P_a）。若该海岸区段可能会受到各种各样的自然灾害的影响，那么，对每一种类的灾害，均应予以单独的研究；

◇ 对危险现象进行（数学或实验）模拟，以期研究并查明对灾害作用特性构成影响的那些机制（例如，影响适宜的海浪高度的机制）；

◇ 判明灾害的可容许影响水平，以确定 H 的值；

◇ 对超越灾害可容许影响水平的周期性（每5年、50年、100年一遇），予以评估；

◇ 对与灾害影响水平相关联的海岸易涝区域，在顾及其防涝区保障程度的同时予以评估（估算），并绘制出可能会被淹没的陆岸地段的略图；

◇ 对每一区域的风险程度，在兼顾海岸带盘点数据的同时，予以评估。在首次的近似值风险评估中，建议运用得分式等级表（见表3.10）。该等级表可以在日后通过进行社会学－经济学计算的方法得到精确化和具体化；

　　◇ 编制区域划分略图、制定针对海岸带个别地段经济发展提出的附加要求

　　　做出规定的规则与建议,这些规则与建议所追求的宗旨,是要提升自然

　　　灾害发生时这些地段功能运作的稳定性。

　　若某一沿岸地带可能会受到各种起因的自然灾害的影响,则应对每一种灾
害现象,予以单独的分析,然后做出归纳总结。这一总结,是以对最后关头启用
极限性的(即最为危险等级的)数值是否具有承受力为依据的。

　　在作为区域划分略图的最终版本中,我们会获得一幅海岸带具体地段的地
图,上面标注着具有各种不同保障系数的易涝区的边界线,且每一易涝区均标注
着风险等级(即社会—经济发展"得分")。区域划分略图通常会附有若干准则作
为补充,用于规范在潜在易涝区域内的活动。

表 3.10　兼顾海岸带发展程度与生产环境的风险等级表

发展程度与生产环境的定性描述	得分
未开发的沿岸地带。海岸带人口密度小于每公里 1 人。	1
一些临近水线的个别居民区,已被安排作为供个人使用的建筑设施(例如供垂钓船只和游船停泊的码头、小规模的水产养殖经营单位,等等)。	2
与利用海岸带休闲潜能相关的地段(已经完成配套设施的海滨浴场、沿岸休闲旅店、夏季咖啡店、游艇俱乐部码头,等等)。	3
人口少于 5 万的城市的已建成区域、与海洋资源相关的产业(例如渔业捕捞业、海产品的水产养殖加工业、娱乐休闲业,等等)。	4
具有发达的城市基础设施和工业的城镇区域(即海港类型的城市、人口数百万的城市)。	5
具有高危险单位的海岸带区域和专用海区(例如核电站、含有有害和有毒物质的化学生产部门,等等)。	6

　　例如,在具有 20% 保障系数(即每 5 年一遇)的易涝区,可以禁止进行任何
建筑,除了那些不可能远离水线的建筑(例如码头泊位)。在保障系数为 2%(即
每 50 年一遇)的易涝区域,禁止进行基本建设,但可以进行临时性的建筑工程,
等等。

3.3.8　与石油泄漏相关的风险管控

　　石油泄漏的一个典型特征便是:因石油泄漏而给自然界、周边环境及海岸带

造成的损害,其价值往往会超出损失货物本身成本的许多倍。只需回忆一下
2002 年在西班牙北部海岸发生的那起"威望号"油轮事件,便足以说明问题。该
次事件导致数万吨的石油泄入大海。漂流至沿海岸边的泄漏石油,实际上已经
使西班牙加利西亚省沿海地带范围相当广大区域内的生活陷于瘫痪。该次事件
不仅给自然界带来种种不良后果,亦对西班牙北部海岸地带的经济和社会环境
状况造成负面影响。该区域内沿海捕鱼业实际上的完全消失,便是此次石油泄
漏造成的一个恶果;而这一行业,对当地居民而言,曾是一种传统性的重要经济
活动领域。因此,降低与石油泄漏相关的风险——这一任务,便是在海岸带综合
管理系统框架内应当予以解决的课题之一。图 3.4 所示,为石油泄漏风险管控
的一般流程。

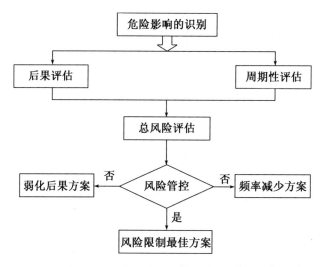

图 3.4　石油泄漏风险管控的一般流程

现在让我们对几种可行的、用于减少风险所致负面后果的实际操作,做一番
分析研究。这里所论及的负面后果,与那些导致例如在波罗的海海域发生石油
泄漏的船舶事故相关。

危险现象的识别;对风险后果、风险周期性和总风险的评估。

平均说来,在世界海洋运输中,石油产品的货运量,约为海运货物总量的
25%。在波罗的海海域,这一指数约为 40%。波罗的海海域面积,仅占世界海

洋面积的 0.1％,却平均分摊着石油污染总量的近 3％。据 М. П. 涅斯捷罗娃的
评估,原则说来,石油泄入海域的途径,会是不尽相同的:

　　◇ 被河流冲带进入的(占石油和石油产品流入总量的 28％);

　　◇ 船舶洗涤水和压舱水的排放(23％);

　　◇ 排入港口和近港港口专属水域的,包括装载时的遗失(17％);

　　◇ 工业废物和废水的排放(10％);

　　◇ 大气降水(10％);

　　◇ 船舶事故和钻井平台事故(6％);

　　◇ 暴雨引发的径流(5％);

　　◇ 大陆架风暴(1％)。

　　对波罗的海而言,由于其海域所具有的独立性,以及考虑到其海运结构特性
(石油运输所占份额巨大),故船舶失事是制约着石油污染影响风险程度的一个
重要因素。船舶失事和石油泄漏,可能会导致大量石油的同时外泄,这便会使风
险大大提升。例如,1981 年,克来彼达港口区域内出现风暴时,便曾发生了一起
英国油轮"Globe Asimi"号失事事故。曾有 1.6 万吨重油泄出,导致一些海洋生
物和鸟类死亡,相当大一部分海岸受到污染。

　　表 3.11 中所列,为各种事故产生的原因及其发生的概率(依据波罗的海环
境保护赫尔辛基委员会 1979—1981 年间的数据资料)。仅 3 年之间,波罗的海
海域内便有 471 起险情被记录在案。

　　显然,并非每次事故都会导致石油泄漏。根据赫尔辛基委员会的数据资料,
1969—1995 年年间,波罗的海海域共计发生了 39 起石油泄漏事件(其中有 3 起
发生在芬兰湾)。已记录在案的泄入波罗的海的石油,其总量为 38 195 吨,即平
均每年泄入 2 546 吨。不过,应当指出的是,从 1988—1993 年年间,每年记录在
案的"不明"来源的石油污迹,为 600～700 处(1994 年为 840 处)。如此说来,可
以将已记录在案的泄入海洋石油的数量作为下述评估来分析研究。

表 3.11　事故产生原因及其发生的概率

事故产生的原因	险情发生数量	发生概率(%)
搁浅	219	46.5
碰撞(与固定物体的撞击,例如与码头或停泊于锚地的船舶发生碰撞)	120	25.5
进行船舶的碰撞	81	17.2
沉没、倾覆、严重倾斜及恶劣天气条件	26	5.5
冰间航行条件	16	3.4
石油外泄、爆炸或火灾	9	1.9

　　为了能依据现有数据资料对整个波罗的海海域风险进行评估,曾对会导致石油泄漏的船舶事故年度平均发生数量及年度平均泄漏量做过测定。假定：事故发生率指标没有变化,同时采用了一些假定的油轮船队编组条件(如油轮的排水量假定相当于 10 万吨级)；就 1996 年度的货运量而言,每艘油轮的石油泄漏风险便为 0.3%。除此之外,考虑到因一些新建港口设施的启用,芬兰湾东部海域的运输流量的强度可能会出现大幅度的提升,故此类估测是仅为芬兰湾而做的。据 1996 年的数据资料,芬兰湾海域内每一艘油轮发生原油外泄事故的风险指数为 0.4%,或平均每 215.5 次驶入芬兰湾,便会有 1 次石油外泄事故风险的发生。

　　为了预测新建港口成套设施启用环境下的石油泄漏风险,曾使用了芬兰湾东部海域新建和改建港口诸系统 2010 年度货运量计划数据。在这里,曾经对芬兰湾海域内货流密集度发生改变的两个可能场景,予以了研究：(1) 俄罗斯通过实现全部石油出口均由本国新建港口的运力来完成而将波罗的海诸国从俄国的运输市场中排挤出去；(2) 俄罗斯留下其石油出口一半的份额继续通过波罗的海诸国输出,而另一半则由本国新建港口输出。

　　对上述这两种变量,亦曾做出石油外泄风险预测评估。表 3.12 所示,系考虑到上述第一种变量条件下货流预测变化的风险评估结果。在此变量条件下,拉脱维亚、立陶宛和爱沙尼亚三国的总货流量将会缩减 81%,而液态石油运量将会缩减 86%,这其中可能会导致利耶帕亚港和塔林港那些现今仅为倒装俄罗斯石油而运作着的石油码头完全废弃。尽管这一变量从全欧政治视角看来,其成为现实的概率是极为微小的,然而,它却是与那个具有最大运输流量强度的变量(即经由芬兰湾的石油产品运输流量的变量)相对应的,由此一来,它便为风险的判定提供了最高的评估。

依据赫尔辛基委员会的数据资料,就 2010 年度整个波罗的海海域而言,险情发生的风险共计为年均 4.9 起;而平均一起泄漏所造成的石油产品泄入海洋的数量为 1 475 吨。因此,俄罗斯国立水文气象大学所采用的风险评估方法,可以被认为是值得肯定的。赫尔辛基委员会没有对芬兰湾进行单独的风险评估。

表 3. 12 为整个波罗的海海域及仅为芬兰湾内航海船舶事故所致石油泄漏风险而作的现行的及预测性的评估(1996 年的数据为当年的实际数据,不包括那些新建港口的运力;2010 年的数据则顾及经由芬兰湾东部海域新建港口系统的计划性运量)

	波罗的海		芬兰湾	
	1996 年	2010 年	1996 年	2010 年
石油码头数量	25	31	4	10
货运量,百万吨	94.1	139.1	21.5	115.1
船舶周转量	849	1 399.1	215.5	1 151.1
年均事故量	2.6(实数)	4.3(预测)	1(实数)	5.3(预测)

我们现在来分析研究一些实例。

航海船舶事故所致石油泄漏风险的管控。

为降低石油和石油产品海损泄漏频率方案所采取的举措:

1. 上述的那些评估,是与芬兰湾东部海域新石油码头建设之前,即 1969—1995 年这一时段的事故发生率水平相对应的。已得出的风险评估表明,当风险事件的发展处于无控制状态(即没有专项防御措施计划)时,可能会发生事关重大的——尤其对芬兰湾海域而言——石油海损泄漏风险的增高。因此,提升航海安全,便是一项重要的任务。依据营建芬兰湾东部海域新港口设施的综合规划,已经完成轮船航行自动化管理系统的构建。该系统的调度部门,能够获得驶入芬兰湾东部海域诸港口的船舶位置的第一手信息,实际上是在其驶入海湾之后即刻便已得知。在船舶驶近普里莫尔斯克港石油专用码头过程中,在通过比约尔克海峡最为狭窄水域时,调度员便可以在雷达定位屏幕上辨识出油轮左右两舷的位置,这表明对船舶的定位精度是极高的①。由于引入了自动化系统而使芬兰湾的事故发生率水平下降了80%,在此种情形之下,与营建新港口之前所具有的运输条件相比,石油海损泄漏风险将不仅不会提高,甚至可能会下降;

2. 完善规定船舶导航设备配制的规范。例如,现今在芬兰湾专属水域内(甚至在海岸带水域范围内),禁止无卫星导航设备的船舶驶入。

为弱化石油和石油产品海损泄漏后果所采取的举措:

1. 研制并推广所谓的石油海损泄漏清除方案。此类方案注意到石油海损泄漏时的各种水文气象条件(风速与风向、表层水流的流速与流向、气温等)出现的可能性;

2. 设立国家级的专业服务部门,该部门应能对清除石油及其产品的泄漏后果做出快速应对反应。对该部门所应承担的义务、责任、报告制度等,以法规形式予以确定;

3. 石油码头的使用规则,要求其拥有者应具备相应的快速清除港口专属水域内石油泄漏的技术手段。

约束风险的最佳方案:

1. 施行禁止不具备双层船壳的油轮运载石油和化学货物的法规。例如,由欧洲委员会倡导的自2015年起禁止使用单层船壳油轮的行动。2001年,一艘河一海级油轮在涅瓦河石滩发生事故,此后,圣彼得堡市政当局和港口海事局便禁止单层船壳的油轮在涅瓦河内航行;

2. 完善石油污染监控系统和石油泄漏事件登记系统;

3. 编制推荐采用的运输线路图;确定诸不同航线区段内的运输强度;以详细数据为依据将具体区段的风险评估精确化;在此基础之上,完善航海船舶失事所致石油泄漏风险的管控系统。

---

① 引自在"普里莫尔斯克"旅行社行政管理部门进行的一次私人谈话。

4

4.1 海洋空间规划的主要目的、任务与原则

海洋空间规划,系着力于海洋事业平衡发展的海岸带综合管理的手段之一。就某种意义而论,海洋空间规划乃是陆地区域规划的功能类同物,但它也有着一些原则性的差别。可以归入此类差别之列的是:

◇ 这是涵括海面、海底和海洋水体的三维海洋空间规划;

◇ 这是对海洋空间及其组成部分(海面、海底和海洋水体)的多功能利用;并且,海洋空间构成的诸个体部分,也会有其各自专门的利用者(海上运输利用的是海面;渔业捕捞业利用的是海洋水体;管道和电缆的铺设利用的是海底,等等);

◇ 甚至一些有限的专属海域,也很少是属于私人所有或者为拥有使用该水域的特别权力的人士所管控;

◇ 海事活动的某些种类,具有季节性特点;因此,人类活动造成的压力水平,会在一年四季中有很大的变化;

◇ 某些种类的海事活动,其影响(或依附)区域,可能会大大超出受海洋空间规划处置的海域(海港永久性设施的发展规划,一般情况下会取决于全球贸易状况、全球物流走向、总的政治形势,等等);

◇ 海洋生态系统要求受到完整的研究,然而,生态系统千差万别的生物链(即营养水平),与陆地生态系统相比,更为复杂且更少受到研究;

◇ 与陆地生态系统相比,海洋生态系统更为动态化和更为不受国界的制约。

海洋空间规划,旨在借助较为合理和有效地组织海上运输、调控海洋利用种类之间的相互作用关系、确保海洋事业发展与海洋环境保护的平衡性等手段,保障人类系统和长久地利用海洋。在实践层面上,海洋空间规划,是用来分析海洋空间当下的和未来的利用、海洋专用水域的功能性分区。其目的,是要查明并解决潜在的冲突和构建海洋空间利用的最佳自然—经济结构。这些经济的、社会

的和生态的目标的达成，要通过政治过程，通过将海洋和沿岸各类资源的最终利用者、有利害关系的社会组织和联合会以及公众吸纳至海洋空间规划方案筹备中来的办法予以实现。实行海洋空间规划，应有助于以维护海洋环境优良质量、构建不破坏海洋生态系统完整性的海洋事业经济结构以及营造有效监控和保护环境免受人类活动消极影响的条件为定位的生态系统方法的采用。

1997 年，加拿大于世界诸国中，率先通过了一部基于生态系统方法的海洋空间综合管理领域专项法律（《海洋法》）。该法律成为在海洋利用方面采取国家战略（《加拿大海洋战略》）的合法依据。在这部法律中，海洋空间管理的一些关键性原则得到了精准的表述，即：

◇ 在为社会的经济发展之目的而开发海洋空间和资源时，遵守可持续发展的原则；

◇ 推行综合性的（整体性的）管理原则；

◇ 运用预防措施原则；

◇ 遵守旨在关注海洋资源利用时所有公民利益的社会参与原则。

2006 年 11 月，在联合国教科文组织政府间海洋学委员会和《人类与生物圈计划》的领导下，召开了第一届海洋空间规划国际研讨会。此次国际研讨会结束时，撰写并发表了一份名为《海洋变化之设想》的专题报告[①]。该报告中对不同国家（德国、比利时、英国、澳大利亚、中国）内的海洋空间规划实践，进行了一些总结。在讨论海洋空间规划方法论的框架内，推广生态系统方法的可行性，被予以了特别的关注。这里应当指出：海洋空间规划，仅仅是推广生态系统方法的手段之一。这种方法应当与其他一些行政的、经济的、法律的和管理的方法一道来使用。同时，该报告中还指出，功能化分区程序也应当同时对海洋空间所具有的自然价值予以关注。随着对已经获得的生态系统商品与服务评价的关注，这一自然价值势必会得到确认。

---

① Ehler, Charles, and Fanny Douvere. Visions for a Sea Change. Report of the First International Workshop on Marine Spatial Planning. Intergovernmental Oceanographic Commission and Man and the Biosphere Programme. IOC Manual and Guides, 46; ICAM Dossier, 3. Paris: UNESCO, 2007.

生态系统商品(例如食品之类)和服务(例如废物的同化)正在提供人们直接或间接从生态系统功能中汲取的那类益处,即这是人们从生态系统中获取的益处。生态系统服务可以划分为四组①:

保障性服务——这是从生态系统那里获取的产品与服务。此类服务的实例为:为食物所需的天然动物和植物组织、淡水、生物化合物、遗传资源、矿物开采。

调节性服务——这是人类从生态系统所具备的调节海洋和陆地各种自然过程的能力那里获取的益处。例如对空气和水的质量的维持、海岸损毁过程、珊瑚礁对海岸带免受风暴浪潮影响的保护等等的调节。

文化类服务——这是人们从生态系统那里获取的一些非物质性的益处。可以将此类服务划分为精神类的和宗教类的、休闲与生态旅游类的、具有审美意义的、具有励志作用的、教育类的、文化遗产与展示文化多样性的。

支持性服务——这是为运作所有其他生态系统服务和维系地球上的生命所必需的服务:释放氧气,参与碳循环、养分循环、初级产品的生产。

目前,世界上许多国家,都在国家层面上实施了海洋空间规划程序。此类国家有:德国、荷兰、瑞典、芬兰、加拿大、挪威、美国、中国、澳大利亚等。不过,这些程序,虽然具有基本类同的海洋空间规划措施清单,但也有着各自的国别特色。将这一程序升级至国际水准的尝试,已在欧盟成员国范围内启动。欧盟关于进行海洋空间规划的指令(《欧盟议会和欧盟理事会 2014/89/EU 号令》,2014 年 7 月 23),已经获得通过。在执行赫尔辛基委员会的波罗的海行动计划的框架内,该委员会就研制波罗的海区域内大尺度海洋空间规划原则而拟定了第 28E/9 号建议书(即《赫尔辛基委员会关于研制波罗的海区域内大尺度海洋空间规划原则的第 28E/9 号建议书》)。

波罗的海地区各国曾联手组建一个名为"环波罗的海构想与战略"的专家小组。在这个专家小组的参与之下,曾拟定出施行海洋空间规划的方法指南。在

---

① Millennium Ecosystem Assessment,2005,Washington:Island Press. At http://www. MAweb. org.

该方法指南框架内，海洋空间规划的 10 条基本原则得到了精准的表述①。这 10 条基本原则尽管是以波罗的海地区为定位的，但亦可以在广泛的地理学应用背景之下得到运用：

1. 可持续的管理

海洋空间规划，是可持续管理的关键手段。这一可持续的管理，会确保在空间分配时奉行经济、环保、社会和其他利益的平衡，使海洋专项利用时的管理得以实现和对不同经济门类之规划的完全一体化得以推行，并在这一整合过程中运用生态系统方法。在实现人类在海洋空间与时间中利益的平衡和活动分配的平衡时，优先权应当赋予长期的和可持续的管理。

2. 生态系统方法

要求实施跨部门和可持续地管理人类活动的生态系统方法，是海洋空间规划的一项总原则，该原则的宗旨是要使波罗的海的整个生态系统均达到良好的生态状态，即那种可以确保人类所有欲望与需求得到满足的生态健康、富于生产力与生命力的良好状态。整个波罗的海的区域性生态系统与所有次区域性系统，以及发生在该生态系统范围内的人类所有种类的活动，均应在这样的背景之下得到分析研究。海洋空间规划，应当被用之于海洋环境的保护和优化，并由此促进良好生态状况的实现。这符合欧盟关于海洋战略的框架指令和赫尔辛基委员会通过的波罗的海行动计划。

3. 长期愿景与目标

海洋空间规划，应当将长期愿景作为自己的定位。这一愿景，关涉到海洋空间规划的终极目标和与这一规划相关联的生态的、社会的、经济的和地区性的种种影响。这一规划，应当意味着要对海洋空间予以长期的、可持续的利用。此时，不可以短期利益的种种考量作为行动依据，而应当以富有远见的战略与行动计划作为支撑。对明确和有效的海洋空间规划目标，应当依据上述诸项原则，以及根据各成员国所承担的责任，予以精准的定义。波罗的海地区各国在构建海

---

① 2010 年 12 月 8—9 日，于赫尔辛基委员会诸代表团团长会晤时通过。2010 年 12 月 13 日经波罗的海地区空间规划与发展委员会（即环波罗的海构想与战略专家委员会）批准。

洋空间规划的法律基准时,应当仔细研究关涉海洋空间利用的相互关联的平行和垂直决策过程,以便确保有效实施海洋空间利用计划的可能,并在此类计划尚未实施时便为海洋空间分配一体化过程创造条件。

4. 预防性原则

在实施海洋空间规划时,应当依据预防性原则。根据这一原则,在进行规划时,必须在关注赫尔辛基公约①第三款诸项规则的同时,事先预见到人类活动可能对环境造成的灾难性影响并采取相应的预防性措施,以便规避因人类活动而导致对环境造成重大损害。类似的、同时亦是明确规定的、以未来为定位的谨慎的方法,亦应当在对待海洋空间内的活动对经济与社会领域的影响方面,得到遵循。

5. 参与和透明性

波罗的海区域内相关主管机关和有关各方,其中包括沿岸地区的地方自治机关,以及国家一级和地区一级的行政机关,均应于尽可能最早的时段便参与到与海洋空间规划相关的诸项创始行动中来;且于此时便亦应当要确保社会各方参与的可能。规划的诸过程,均应当是公开的、透明的和与国际立法相符合的。

6. 高质量的信息库和数据

海洋空间规划,应当建立在所有可能获致的和详尽的最高质量的现代信息基础之上;且应尽可能地使这一信息的获致变得更为广泛。这便要求地学信息处理系统(GIS)与地学统计数据库处理诸相应系统之间具有更为紧密的相互关系。其中包括赫尔辛基委员会的地学信息处理系统,以及为协助信息跨境传输过程之目的而设立的监测与研究信息处理系统。此类系统应是能够促成构建起一个指定用于规划之需的、谐调一致的全波罗的海信息数据库。这个数据库应当囊括有关环境体原始状态的历史性信息、有关它们现今生态状况的数据资料,以及与环境和人类潜在活动均有关涉的一些预测信息。此类信息应当尽可能地全面、公开、通俗易懂和得到经常性的更新。在这样的条件之下,应当能确

---

① 预防性措施原则,是在联合国环境保护与发展代表大会(里约热内卢,1992 年)的总结性文献中首次得到精准定义的。该文献名为《21 世纪议程》。

保这类信息可以在实现全欧性的以及全球性的创意中,得到共同的使用。

7. 跨国协作与协商

海洋空间规划,应当在全波罗的海对话框架内发展。这一对话包括波罗的海诸国之间的协作行动与协商。在这些协作与协商行动中,运用国际立法和协议的必要性,应当受到关注;而在赫尔辛基委员会和环波罗的海构想与战略专家委员会成员国为欧盟成员国的情形下,亦应当关注运用欧盟的《欧共体法律》文献的必要性。此种多方对话,应当在跨领域背景之下,在沿岸所有国家、所有感兴趣和有能力的各方和组织的参与之下进行。应当依据波罗的海地区发展前景,随时对海洋空间利用规划予以完善和修正。

8. 协同一致的陆上和海上空间规划

陆域和海域这两项空间规划,应当是在其紧密关联之中、合乎逻辑地得到实施,并由此使它们互为依托。应当尽其可能地使调控海上和陆上空间规划的立法,协调一致,以便使这两个调控系统均能提供解决复杂问题、利用无论陆上还是海上有利情节的均等机会,从而令协调效应得到保障。这种因实施海岸带一体化管理而取得的协调效应,应当在波罗的海地区所有国家内,以及所有跨境地区,均得到加强。

9. 适应不同区域特点与特殊条件的规划

在实施海洋空间规划时,应当顾及波罗的海各不同亚流域的特点与特殊条件和汇入这些亚流域的径流的特点。应当仔细研究有关个别亚地区规划的必要性问题。这类规划顾及此类地区的特点并提出了亚地区规模的目标。这些目标可能是对第三条原则中罗列的区域规划目标做出的补充。总体说来,最理想的是:应使海洋空间利用计划将保障所有被触及的生态系统保持其内在的可持续性确立为自己的使命。

10. 连续不断的规划

应该使海洋空间规划反映出这样一个事实,即规划是一个连续不断的、要求对发生着变化的环境做出经常性的适应和对一些新知识予以关注的过程。对海洋空间利用方案的实施予以监测和评估,以及对与这些方案实施相关的活动给环境和社会—经济领域造成的影响予以监测和评估,其目的应当是为了识别出未曾被预见的影响,也是为了使那些为规划所需的数据更为精确,使规划方法本身得以完善。应该组织这样的监测与评估(特别是在跨境问题方面),即它们本身应是国家监测系统和跨境监测系统的补充;且应当尽可能地使这一过程成为由区域性组织运作的监测和评估的一部分。

制定波罗的海地区不同国家海洋空间规划统一原则与技术,这会使得海洋空间规划方法在国际层面上达到协调一致。俄罗斯因系波罗的海国家之一,故它亦应当参与这项工作,期望一方面能推动整个波罗的海海洋经济体系的一体化;另一方面也要使自己的国家利益得到保障。预计这一倡导,亦将会被传播到其他一些海域。

海洋空间规划的研制,应当在海洋事业发展规划过程中实施通用综合性方法的背景下进行。同时,亦如海岸带综合发展规划的措施那样,海洋空间规划的过程应当:

◇ 是做到空间聚焦的,即应当对沿岸水域具体的有限地段范围内人类所有种类的活动予以关注,并顾及这些活动的生态、经济和社会影响,以及这一水域的法律地位;

◇ 是一体化的,即应当对各种类和各门类的海事活动间的互动作用,以及对国家管理的不同级别间的互动作用予以关注;

◇ 是以生态系统方法为定位的,即应当定位于在可持续发展观念框架内寻求生态的、经济的、社会的和文化的目标与任务之间的平衡,定位于寻求维护和保持获取生态系统服务之利的潜能;

◇ 是支持社会参与过程的,即是致力于吸纳海洋自然资源的实际利用者参与规划过程;

◇ 是有战略定位的,即对海洋事业的长期发展过程、人为影响蓄积方面的问题有着仔细考量的;

◇ 是具有适应性的,即关注着发生于外部环境内的变化以及在执行海洋空间规划过程中获得的经验教训。

海洋空间规划在海岸带管理实践中的推广,会使自然源的利用效率得到提升、会有助于冲突事态的解除,甚至会有助于获得经济收益(见表 4.1)。

表 4.1　因推行海洋空间规划方案所获得的主要益处

（据埃勒和道弗提供的数据，2009 年）①

生态方面的益处	具有生物学和生态学重大意义的区域得到查明；
	在规划与决策采纳过程中引入了生态目标性指标和指数；
	"自然与利用者"类型的冲突得到查明和解决；
	对环境状况和生物多样性的维持至关重要的地点的维护得到保障；
	确定了海洋保护水域（特别自然保护区等等）的空间框架；
	查明并降低了经济活动对海洋生态系统的负面蓄积影响；
经济方面益处	潜在的长期投资（20～30 年以上）的确定性得到提升；
	具有运用海洋空间规划方案作为制定本水域工业发展计划的可能性；而其结果则是：可节省用于进行此类研究的时间与资金资源；
	判明了本水域内可以并行不悖的经济活动种类；
	判明了"利用者与利用者"类型的潜在冲突；
生态方面的益处	在经济活动规划早期使潜在冲突得到解决；
	提高了完善现有经济活动和推广新型经济活动的可能性；
	本水域海洋空间和自然资源的利用效率得到提升；
	调控和规范化过程的效率与透明度得到提升；
	构建了企业、国家和公众的互动机制，使社会—经济和生态的共同目标得以实现；
社会方面的益处	吸纳社会团体和当地居民参与决策过程；
	提早查明了那些令当地和土著居民困惑的、与关闭或积极利用某些水域相关的管理决策方面的问题；
	文化遗产得到查明和保护；
	在文化与宗教方面有价值的事物得到查明与保护；

---

① Ehler, Charles, and Fanny Douvere. Marine Spatial Planning: a step-by-step approach toward ecosystem-based management. Intergovernmental Oceanographic Commission and Man and the Biosphere Programme. IOC Manual and Guides No. 53, ICAM Dossier No. 6. Paris: UNESCO. 2009 (English).

（续表）

行政—管理 方面的益处	管理决策的一致性和兼容性得到提升；
	信息采集、加工、保存、提供的效率得到提升；
	行政活动效率得到提升，重复性降低；
	决策过程的速度、质量和透明度得到提升，行政支出降低。

由推广海洋空间规划而获得的预期经济效果，在这里通常是与三个可能性相关联的：（1）国家对海洋事业予以管理的效率能够得到提升；（2）交易成本能够下降；（3）加速发展个别种类海事活动的投资环境能够得到改善。生产与流通的基本支出之外的业务费用，被称之为交易成本，即间接的、相关的费用或支出。例如，依据欧洲委员会海洋政策和渔业部的评估，因推行海洋空间规划而使交易费用减少 1%；到 2020 年时，这便可能会以各种不同形式产生出 1.7 亿～13 亿欧元的良性经济效益。到 2030 年，因交易费用的下降，预计总共会收获经济效益约为 4 亿～18 亿欧元；而仅因为风能和海洋水产养殖发展领域投资环境的改善，便会收获 1.55 亿～16 亿欧元[①]。

用于营建风能发电场的海洋专用水域，其利用前景要求将海洋空间具体区域拨划方案与其他种类的海事活动予以协调。可再生能源的利用份额的增长，且首先是风能利用份额的增长，已经使研制海洋空间规划方案的兴趣得到提升。2011 年间，在欧洲 10 个国家中，已有 53 座风能发电场在运行。总发电量为 3.8 吉瓦。此时所占用的海面面积，约为 2 500 平方千米。依据一些计划，到 2020 年时，风能总发电量应当达到 40 吉瓦，这便将要求使用 2.5 万平方千米的海洋专用水域。到 2030 年时，欧盟诸成员国的风能，应将提供约占总产能 14%的电力，大约为 150 吉瓦。那时，风能的年平均投资量，大约将为 25 亿欧元。

---

① 资料来源：欧洲议会图书馆，《图书馆简报》，2013/05/12。

4.2 实施海洋空间规划程序的国际经验

据《全球海洋空间规划概述》①一文所列的数据，如今已有 20 余个国家——主要是西欧、北美一些国家以及澳大利亚和中国——已着手研制国家的或地区性的海洋空间规划方案；且此类方案已经在 9 国家中被付诸实施。这其中便包括，在中国有 11 项地区性海洋空间规划方案获得通过，这覆盖了属于中国领海的整个水域（即距基线或最大落潮线 12 海里的水域）。在澳大利亚，已有 5 项地区性海洋空间规划方案获得通过。这些方案所涉及的行动，延展至专属经济区的外缘边界。在不同国家实施的海洋空间规划，基本上均具有类似的海洋空间规划措施清单。依照政府间海洋地理学委员会和联合国教科文组织编写的《海洋空间规划程序运作指南》②的要求，海洋空间规划方案的准备过程，可以表现为连续不断地完成 10 个阶段（或步骤）。这 10 个步骤曾被定义如下：

1. 确定海洋空间规划的必要性并指定其负责人；

2. 为海洋空间规划取得资金保障；

3. 部署初步规划程序；

4. 安排相关人士的参与；

5. 确定和分析生态系统和海事活动的现有条件；

6. 确定和分析生态系统和海事活动的未来条件；

7. 拟定海洋空间规划综合方案并使其得到认可；

8. 履行综合方案的措施并使其得以实现；

9. 对海洋空间规划执行情况予以监测和对其管理进行评估；

---

① Charles N. Ehler A "Global Review of Marine Spatial Planning"—Paris，France，September，2012.

② Ehler，Charles，and Fanny Douvere. Marine Spatial Planning：a step-by-step approach toward ecosystem-based management. Intergovernmental Oceanographic Commission and Man and the Biosphere Programme. IOC Manual and Guides No. 53，ICAM Dossier No. 6. Paris：UNESCO. 2009 (English).

10. 使综合方案适应当前环境。

该指南规定了海洋空间规划在为期 10～20 年的国民经济诸行业发展中的时间框架。同时要求海洋空间规划的研制,应当致力于下述总目标和任务的达成:

◇ 使海洋(生物和矿物)资源得到维系与保护;

◇ 使诸生态系统的生物多样性和可持续性得到维系与保护;

◇ 使一些重要的生态水域区段得到保护;

◇ 修复恶化水域;

◇ 确保水域的经济利用的可持续性;

◇ 推动水域规定用途类种的发展;

◇ 减少和解决不同经济利用类别之间现有的和将会发生的冲突;

◇ 减少和解决不同经济利用类别与环境状况之间现有的和将会发生的冲突;

◇ 向社会反馈因海洋水域的利用而获取的经济效益。

对《全球海洋空间规划概述》[①]一文中提供的数据资料予以分析,使得可以深入研究不同国家实施海洋空间规划程序的方法所具有的地区特色与差异。此类地区特色与差异,是由国家的海洋政策目标、现行的法律基准,以及海洋自然资源利用的具体任务与问题所决定的。此篇概述中,对各国实施的海洋空间规划特点的描述,被系统化为一份统一的特色清单,这便令其更为直观,使得可以对各国海洋空间规划方法的特色加以区分。有关海洋空间规划实施的详细信息,亦可以在这篇概述中找到。在这里,我们只限于分析那些能反映海洋空间规划程序发展总趋势的事例。表 4.2 中所示,为德国海洋空间规划执行过程的主要数据与特征(据查尔斯·埃勒提供的资料,2012 年)。

[①] Charles N. Ehler "A Global Review of Marine Spatial Planning"—Paris, France, September 2012.

表 4.2   德国海洋空间规划实施经验

（据查尔斯·埃勒提供的资料，2012 年）

海洋空间规划特征	特征内容
监督海洋空间规划过程的国家管理机构	德意志联邦海事与水文地理局。
海域面积	共计 3.31 万平方千米，其中：北海内为 2.86 万平方千米；波罗的海内为 4 500 平方千米；联邦规划带起点为领海边界。
规划方案研制时间	3 年。
海洋空间规划的驱动力	风能发电场、海洋运输和自然保护区诸项设计之间的空间冲突。
自然资源利用者的参与	主要为与其他联邦代办机构的协商和对规划文献进行公开讨论。
规划所触及的部门	海洋运输（海上航行）、水下管道和电缆的铺设。
与海岸带综合管理的关系	在德国，地区（地方）政府通常将其司法管辖权扩展到领海水域（达 12 海里），并将海岸带永久设施发展的任务纳入本地区的海洋空间规划中。
与海洋保护水域（即自然保护特区）的关系	德意志联邦环境保护局在海洋空间规划实施之前已确定了一些自然保护区（约有 45% 的特别经济区被确定为保护区）。这些区域均被包括于海洋空间规划之内。
规划方案的批准	为北海制定的联邦计划已于 2009 年 9 月生效，为波罗的海制定的计划则于 2009 年 12 月生效。
方案的法律地位	为现行法规文献。
方案的修订	未确定。
结果监测与评估的执行	仅限于对项目执行情况予以专项监测；程序未确定。

德国海洋空间规划程序，受到联邦有关土地利用规划法律（《联邦土地使用规划法》）的调控。该法律的效力一直延展至特别经济区边界。德国在实施海洋空间规划程序时，将水域划分出三种类型：

◇ "优先区"（"*priority areas*"），即在此类区域内，某一海洋利用者（例如航海部门、管道铺设部门，等等），与其他一些有利害关系的自然资源利用者相比，拥有优先并受到保障的利用该水域的权力；

◇ "保留区"("*reservation areas*"),即必须取得利用该水域的许可的区域,
　　同时关注到对该类利用活动与其他种类的活动、与现行的限制性规定、
　　与正在实施的发展项目和目标是否并行不悖所做的比较分析;

◇ "脆弱性增高区"("*marine protected areas*"),即必须采取措施,以便使
　　那里的人类活动对环境及其生态系统构成的压力得到减缓的区域。

在生态关系范畴内,依照现行的立法,德国诸州(地区)对环境保护纲要《自
然 2000》在陆地和领海范围内的履行,负有责任。在专属经济区水域内,这些职
能转由联邦一级的管理机构承担。责任通常转移至诸如联邦环境、自然保护与
核安全部和联邦环境保护局之类的权力机关。图 4.1 所示,系梅克伦堡—西波
美拉尼亚沿岸水域海洋空间规划方案的实例。这一方案于 2005 年研制完成,
2014 年实现。

图 4.1　梅克伦堡—西波美拉尼亚州政府制定的海洋空间规划方案

(资料来源:《全球海洋空间规划概述》)

晚些时候,在有德国、波兰、丹麦和瑞典各国专家参与的《波罗的海方案》这
一国际项目框架内,规划区域扩大至整个阿科纳海域。

海洋空间规划程序的立法化和海洋空间规划实施的经济效益的获取——这方面的有趣经验,是在中国获致的。那部对海洋利用原则做出规定并由国家海洋局于1997年提交审议的国家法律,已经成为研制海洋空间规划方案的法律基础。该法律的宗旨,是要实施中国政府在土地资源、森林、内陆水域、矿产、海洋资源与诸水域的保护和管理领域的国家政策。2001年10月该法律获得批准,并于2002年1月起生效。该法律确定了三项基本原则:

◇ 推行海洋利用法:依照法律,海洋为国家所有。国务院代表国家行使该项所有权。任何意欲为利用有利于自己的海洋潜能的组织或自然人,均应提出申请和取得由国家赋予的利用具体海域地段的权利。海洋资源利用的权利,其中包括海洋空间利用的权利,仅可经政府的同意方能授予;

◇ 推行海域功能分区体系:该法律规定,对海洋空间的任何利用,均应符合经国家批准的海洋功能分区计划。这一计划是管理海事活动的依据。在这一计划之下,海洋空间被(依照生态准则和海域利用优先权)分解为若干不同类型的功能分区,以便确保其获得合理的利用;

◇ 推行偿付系统:海洋空间利用的权利,受国家法律体系保护。国家推行海洋空间利用偿付系统,该系统要求利用海洋空间的每一法人或自然人,均要按国务院规定的程序缴纳一定的款项。该系统要求所有意欲利用海洋空间生产产品和获取其他经济效益的企业或个人,均应为此类利用付费。

根据《全球海洋空间规划概述》所列数据资料,中国于2005年—2009年间,通过推行征收海洋空间利用费的方法,收缴了近30亿美元。因此,中国是唯一一个利用这种独特方法为本国与海洋空间规划相关的种种创议提供资金的国家。

这一法律,决定着海洋空间管理系统具有两个维度。这就是说,利用海洋空间的申请,既要在地区层面上,亦要在国家层面上受到评估与批准。地区一级的管理机构,不具有独立决定接受或拒绝报送申请的权利。这便使得可以确保无论地区还是中央政府均能对海洋空间利用予以严格监管。依照这一法律,以征收海洋空间利用费的形式收缴的资金,70％积蓄于地区,30％转入国家预算,被用于发展海洋经济活动和海洋环境保护。

据《全球海洋空间规划概述》作者所见,中国采用的海域功能分区概念,对其他一些国家来说,是具有典型意义的。因为,海洋空间规划与海岸带综合管理之间的关系,未被明确确定,故存在着对海洋空间规划和岸上区域规划予以精确协调的必要。也正因如此,有必要加强对解决海洋资源利用者与环境之间的潜在冲突的关注。最为理想的是:提高公众和那些自然资源利用者对功能分区方案制定过程的参与度。亦有必要加强关注对海洋资源利用活动的监测、评估与管控系统的推行。与推行缴费系统相关的商品与服务,其生产费用的提升,可能会刺激终端的资源利用者借忽视生态要求来降低商品与服务的成本、违反管控规则和采取其他一些越轨行为方式。这些行为,大体上说来均会导致消极后果的产生。

5

俄罗斯推行海洋事业发展管理一体化方法的特色

5.1　海洋事业管理作为俄罗斯国家海洋政策的任务

　　海岸带综合管理方法论,是建立在跨学科方法基础之上的,因此,这一方法的实地实施,便要求要研制出涉及范围广泛的工具。这些工具,是为沿海地区可持续发展范畴内的决策进行科学论证所必需的。俄罗斯联邦政府对《俄罗斯联邦 2030 年前海洋事业发展战略》的批准(经 2010 年 12 月 8 日的《俄罗斯联邦政府第 2205 - p 号指令》批准),营造出完善海事活动管理的崭新机遇,且首先是完善那些正在为海洋资源潜能的发展配制永久性地面设施基础的沿海地区海事活动管理。在国家沿海地区和具体一些海岸地区沿岸水域发展规划中,通过将其划分出来作为单独的国家管理统一体的方式而实现向综合管理方法的过渡,是该海洋事业发展战备所确定的目标之一(见图 5.1)。

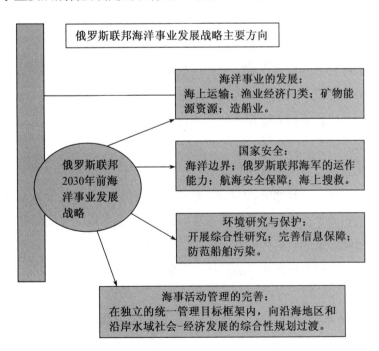

图 5.1　俄罗斯联邦 2030 年前海洋事业发展战略确定的主要方向

　　该战略将海洋事业管理的完善定义为：在沿海地区发展的社会—经济战略规划框架内，使海洋事业的行业管理目标与任务协同一致的过程。相应的观点，在总统于 2015 年 7 月 26 日批准的新版《俄罗斯联邦海洋学说》中，亦被提出。这些观点证实了发展俄罗斯联邦一级国家权力机关、俄罗斯联邦各主体的国家权力机关、地方自治机关、海洋商业活动人士和有利害关系的社会联合组织在国家海洋政策的形成与实施问题方面的互动关系和协同努力的必要性。

　　因此，在俄罗斯联邦诸沿海主体和一些沿海市级建制那里，本质说来，时常会出现一种新型的职能任务——参与对海事活动的管理。有鉴于海洋利用的现有实践，对海事活动的管理，势必要有赖于海岸带综合管理的方法；并随着一些专门的经济的、法律的、组织的形式与方法的运用，在国家行业性的管理和地区性管理相结合的基础上，通过将沿海地区和沿岸水域联合成一个统一的国家管理体的办法而得以实现。

　　海岸带，作为俄罗斯联邦沿海诸主体社会—经济发展战略实施的一个独立的组分，其综合发展规划的研制和实施，是一种应能确保海岸带综合管理方法得以推行的机制。①

　　确保沿海地区和沿岸水域综合发展战略规划过程拥有方法论的护航，乃是为这一目标的达成而设定的一项重要任务。这一既定任务的完成，则要求运用一些与采用一体化管理方法相关的方法论新手段，这首先便包括运用海岸带综合管理方法。

　　海岸带管理与传统的管理相比，具有一系列的独特之处，这与海岸带管理所研究的那些问题——自然的、生态的、社会—经济的、文化—美学性质的——涵盖范围广阔相关。海岸带综合管理方法，是作为对沿海地区发展问题尖锐化的回应而被研制出来的。这些发展问题，正在导致那些因自身具有丰富资源而成为世间开发程度最高地区之一的可持续发展能力丧失。

---

　　①　Н. Л. 普林克：《论沿海地区和沿岸水域综合发展规划（即海岸带综合发展规划）的研制与实施——俄罗斯地区与城市框架内的战略规划：战略的更新、意义的更新》，《第 13 届全俄战略规划领导者论坛参与者报告文集》，Б. С. 日哈列维奇编，圣彼得堡：国际社会—经济研究中心列昂季叶夫中心，2015 年，第 70—72 页。

《俄罗斯联邦 2030 年前海洋事业发展战略》获得通过,为海岸带综合管理方法模式在沿海地区社会—经济发展战略规划过程中的运用,奠定了一个法律规范基础。上述方法,已经在经过俄罗斯联邦政府批准的诸联邦区域社会—经济发展战略及其实施措施方案中,得到确认。

定义俄国北极海域政策的文献,是《俄罗斯联邦 2020 年前北极地区发展和国家安全保障战略》(经俄罗斯联邦总统 2013 年 2 月 8 日第 232 号总统令批准)。

俄罗斯联邦所属的北极地区,对俄罗斯及其未来的社会—经济发展而言,乃是具有重大意义的。决定着俄罗斯联邦北极地区具有战略意义的,至少有三个主要因素:

　　◇ 俄罗斯联邦北极地带的领土和北极陆架拥有巨大的石油、天然气及其他一些自然资源的储量;

　　◇ 北极盆地因地理位置之故而拥有独一无二的运输潜力。就确保东—西走向的运输流而言,北方海路系最短的一条线路;

　　◇ 俄罗斯联邦北极地带的寒冷气候和独特的生态系统,具有全球意义。

由北冰洋新地岛至欧亚东北最远点——楚科奇半岛的杰日尼奥夫海角的北方海路,其长度为 3 000 海里。利用北方海路航线,使得可以令传统的、经苏伊士运河由欧洲向东亚运送货物的线路(长度1.1万海里)缩短大约 4 000 海里。这使得向日本、中国和韩国的货运线路航程时长,大约缩短 40% 或者 20 天时间。航程时长的缩短,会减少船员劳务费用、船舶租赁费用的支出和节约燃料。此外,利用北方海路还具有一些确定无疑的优势——对船舶的规格没有限制(苏伊士运河不具备接纳吃水深度超过 20.1 米的船舶通过的能力),不需要像通过运河那样排队等候,最后亦不存在海盗攻击的风险。与此同时,若转而启用新的航线,则要求对一些新的后勤补给方案、恶劣天气条件下冰上航行能力予以研究。

北极地区极易遭遇潜在的气候变化。全球变暖趋势的影响,不仅表现在空气和水的温度的升高、降水量的增加和海平面的提升,亦会导致极地地区所独具的一些特质发生改变。例如:冰盖面积的减少、无冰期时限的延长、永久冻土的局部融化。此类气候变化，可能会对北极带境内的经济活动构成既有积极的、亦有消极的影响。可以划归积极影响的有：航行条件会得到改善、石油钻井平台成本会降低、石油污染时的生态影响会减少。鉴于目前预测到的气候变化，可以预料会出现对极地地区而言系完全新式的人类活动类型，例如农业、林业。与此同时，永久冻土的融化和风暴活动的增强，将会导致海岸的侵毁、住宅建筑出现问题。目前还存在着对土著居民进行教育的问题，因为气候改变的问题对他们来说，尚不是明了的和应当优先解决的任务。

俄罗斯联邦的北极地带，实质说来，是一个由联邦一级管理的海岸带的典型实例，因为在国家规模中，它乃是地理学上的一个相当狭小的地带，其功能运作，实际上完全取决于海洋事业的发展水平。与俄罗斯北部各地区开发相关的诸问题，正是那些应当依据海岸带综合管理方法予以解决的课题。有一系列的考量可以用来证实此论不假，这些考量即是：

　◇ 对俄罗斯联邦北极地带沿海地区社会—经济发展而言，海洋事业正在扮演着一个关键性的角色；

　◇ 俄罗斯联邦北极地带发展前景与规划预测，北极诸海域海上活动会因大陆架的开发和北方海路的利用而有强势的发展。这便决定了对海岸带现有地面设施予以改造的必要性；

　◇ 一些新型的海上活动的发展，会引发与传统的海上活动类型之间的冲突性互动（例如大陆架上的碳氢化合物的开采与渔业的冲突）；

　◇ 俄罗斯联邦北极地区生态系统现状的污染水平，目前尚不能满足可持续发展的标准，这便决定了必须依靠发展一体化方法、为向合理的自然资源利用模式过度而优化法律和制度化基础，在环境保护管理领域进行一些结构性的改造；

　◇ 俄罗斯联邦北极领土内一些少数土著民族的存在，决定了有必要在吸纳社会和当地居民参与与海岸带社会—经济发展相关的决策制定与采纳过程，以及资助土著居民，创造条件保护他们的文化遗产、传统产业和原有生息地等方面，研制出一些专门的方法。

若要解决这些已被提出的课题，便要求运用一些新的方法论手段。而世界上流传最广和适应性良好的一体化管理模式,就是海岸带综合管理模式。海岸带综合管理方法,其宗旨便是要营造沿岸—海上空间的最佳经济结构,凭借调节海上和海岸带资源利用过程中产生的矛盾、优化组织能力和开发人的潜能来提高海洋和沿岸经济活动的效益。海岸带综合管理方法的运用,使得可以克服战略规划的不连贯性缺陷。将沿海地区和沿岸水域在国家管理的统一体框架内联合起来,使得可以通过在沿海地区社会—经济发展战略中规划出一个独立的岸—海组元的办法,克服海洋事业与沿岸地面设施发展规划脱节的现象。

5.2　沿海地区社会—经济发展战略中岸—海组元的拟定

诚如已经指出的那样,《俄罗斯联邦 2030 年前海洋事业发展战略》确定了必须运用综合方法规划俄罗斯沿海地区诸联邦主体的社会—经济发展;所采取的路径是:向国家的沿海地区和具体滨海地区沿岸水域综合化规划过渡;其方法则是将它们划定为由国家管理的单独的统一体。实现这一导向的机制,是在沿海地区社会—经济发展战略规划文献中,纳入岸—海组元。这一组元,势必将成为研制和实施沿海地区和沿岸水域综合发展规划的依据。有关沿海地区和沿岸水域综合发展规划研制与实施方面的相应的一些主张,已经被纳入俄罗斯联邦政府指令(西北部、南部和乌拉尔诸联邦区 2020 年前社会—经济发展战略)批准的一些实施机制和一些实施措施的方案之中,以及由俄罗斯联邦总统批准的《俄罗斯联邦北极地区 2020 年前发展战略和国家安全保障》之中。

将沿海地区和沿岸水域联合成战略规划的一个独立的统一体,这便要求运用海岸带综合管理方法,从而使得可以克服行业规划的碎片性缺陷。

海岸带综合管理方法,其宗旨是要构建起岸—海空间最佳经济结构。而欲使海洋和海岸带经济活动效益得以提高的这一最佳经济结构,所凭依的则是:

◇ 要建立一种观念,即沿海地区和沿岸水域,乃是一个被称之为"海岸带"的统一的自然、社会—经济系统;

◇ 要构建一个调节自然资源利用者关系的法律、经济、伦理—道德机制系统;

◇ 要依据社会—经济发展的总目标、优先事项与任务，对管理运作予以
评估；

◇ 要协调海洋事业发展的运作并依据使海洋事业发展方案和沿海地区社
会—经济发展规划一体化的原则，营建其岸上永久基础设施；

◇ 要运用规定的一整套方法和程序，对与沿海地区和沿岸水域发展相关的
决策，在国家管理的统一体框架内，予以论证和通过。

现在让我们来详细研究一下有关拟定俄罗斯沿海地区联邦主体社会—经济
发展战略中岸—海组元的方法论建议。这些方法论建议，是与规定俄罗斯联邦
战略规划操作程序的法律基准相适应的。俄罗斯沿海地区联邦主体社会—经济
发展战略岸—海组元拟定的方法论建议，决定着岸—海分析单元的结构与内容。
岸—海组元，便是在这一分析单元背景下形成的(见图 5.2)。

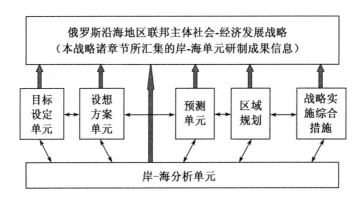

**图 5.2　俄罗斯沿海地区联邦主体社会—经济发展
战略岸—海组元构成一般示意图**

岸—海分析单元的拟定，是建立在跨行业的综合方法之上的，其宗旨是：使
沿海地区的竞争优势得以实现；关注海事活动对其他类型的经济活动的多样影
响；构建区域性海洋经济综合体最佳的、有效的空间—功能结构；组建一些陆上
和水域开发区；发展有利于实现国家海洋政策目标与任务的新型海事活动。当
生态参数成为制定和采纳决策的标准之一时，经济行动的发展便有赖于可持续
发展的原则。图 5.3 所示，为岸—海分析单元的一般结构。

> **俄罗斯沿海地区联邦主体发展战略岸—海单元诸章节**
>
> 1. 区域性海洋经济综合体结构、现状与发展前景的综合分析;
> 2. 旨在确保海洋事业范畴内国家和地区利益的区域性海洋经济综合合体的发展目标与任务;
> 3. 海洋环境现状与质量的分析;尖锐生态问题的查明及解决这些问题的建议的研制;
> 4. 区域范围内海洋事业发展的各种设想方案和对区域性海洋经济综合体中期、长期发展参数的预测性评估;
> 5. 有效的区域性海洋经济综合体的组建和发展;提高海洋经济对俄罗斯沿海地区联邦主体社会—经济发展的贡献的措施。

图 5.3　依照俄罗斯沿海地区联邦主体社会—经济发展战略岸—海组元拟定方法论建议而设定的俄罗斯沿海地区联邦主体发展战略岸—海单元诸章节

依据方法论建议而撰写的岸—海分析单元的第一个章节,是用于分析区域海事活动现状与发展前景的。对区域性海洋经济综合体结构、现状与发展前景所进行的综合性分析,包括:

◇ 对区域性海洋经济发展现行方案和规划现状的分析;

◇ 确定俄罗斯沿海地区联邦主体在国家海洋事业系统中的地位及其在国家海洋政策实施中所扮演的角色;

◇ 确定海洋经济活动长期发展的可行性、问题与局限;

◇ 分析阻碍俄罗斯沿海地区联邦主体海岸带综合发展规划实施的制度性问题;

◇ 确定俄罗斯沿海地区联邦主体陆上和水上发展对永久性设施的需求;

◇ 确定良好投资环境、科研—创新条件和先进技术的推广、中小企业的发展对海洋事业发展所具有的潜在的贡献;

◇ 评估海洋事业对俄罗斯沿海地区联邦主体发展地区间的和对外贸易的联系的贡献。

在撰写这一章节时,在运用传统的战略规划方法(如 SWOT 态势分析法、REST 宏观环境分析法)的同时,建议采用研制海洋空间规划方案的方法,以及一系列先前已经研究过的海岸带综合管理的特别方法(如资源矩阵的构建与分析、潜在冲突的分析、指标方法、对公众舆论的研究，等等）。

发展区域性海洋经济综合体，其宗旨是为了确保海洋事业领域内的国家和地区利益（岸—海分析单元的第 2 章节）。为了确定这一经济综合体发展的目标与任务，需履行下列事项：

◇ 分析区域性海洋经济综合体发展的优先事项；

◇ 定义俄罗斯沿海地区联邦主体海洋事业发展的目标与任务并使之具体化。这些目标与任务，均源于规定国家海洋政策的文献，以及联邦区一级的海洋事业发展前景；

◇ 研制并论证区域性海洋经济综合体长期发展的方案：

◇ 确定区域性海洋经济综合体中、长期发展的战略任务与阶段；

◇ 研制沿海地区联邦主体战略岸—海组元形成的专项指标系统、海洋事业对俄罗斯沿海地区联邦主体社会—经济发展的贡献评估系统。

岸—海分析单元的第 3 章节——《海洋环境现状与质量分析、尖锐的生态问题的查明及其解决的建议的研制》的撰写，其内容包括：

◇ 分析俄罗斯沿海地区联邦主体沿岸水域现状与质量，同时关注到维护该水域的生物多样性和沿岸地区地貌景观与历史珍宝的必要性；

◇ 查明人类对沿岸水域影响的主要源头；

◇ 评估各类海事活动对沿海地区和沿岸水域构成的影响；

◇ 在顾及环境保护领域的国际协定和跨境的及地区性的合作计划的情况下，对边界效应进行评估；

◇ 评估生态监测现行系统的效率；研究制定使其完善的建议；

◇ 研制改善海洋环境质量与状态的具体措施方案；

◇ 研制海洋环境质量与状态的生态指标系统；该类指标是对沿海地区联邦主体发展战略岸—海组元在自然资源合理利用方面得以实施的专项指标系统的补充。

第 4 章节的内容中，包括了在兼顾到世界经济与贸易总体状况、跨境操作过程和国际形势，以及影响各类海事活动的国内因素的同时，研制海洋事业在其相应的区域方向上的诸种发展场景。这一章节完成的结果，即应是在对区域性海洋经济综合体在海洋事业发展不同设想方案下中、长期前景发展参数取得预测性评估的基础之上,做出区域性海洋经济综合体的行业和地区发展的基本预测。

结尾的第 5 章节,其内容包括:描述有效的区域性海洋经济综合体组建与发展的具体措施和提高海洋事业对俄罗斯沿海地区联邦主体社会—经济发展贡献的具体措施;这些措施应是致力于:

◇ 利用一些特别经济区、区域性开发区、海洋经济密集区,以及其他一些经济政策手段去发展区域性海洋经济综合体;

◇ 确保沿海地区居民安全和弱化海洋自然灾害后果、维护海洋自然系统和合理利用其自然资源、防护海洋环境免受污染;

◇ 发展地区间在海事活动和海洋环境保护领域内的协同与合作。

接下来在岸—海分析单元中受到研究的俄罗斯联邦主体区域性海洋经济综合体发展的一些提案、建议、预测性评估和设想方案,被与俄罗斯沿海地区联邦主体社会—经济发展战略的其他一些单元捆绑在一起,被汇集于该战略的相应章节内。如此一来,便与该战略中的岸—海分析单元相结合而组成俄罗斯沿海地区联邦主体发展战略的岸　海组元。该组元的宗旨,是要提升海洋事业潜能的利用效率,以利于俄罗斯沿海地区联邦主体社会—经济的发展和国家海洋政策的目标与任务的达成。

已经拟定的岸—海组元研制方法论建议,其基本规则,已成为《俄罗斯联邦主体社会—经济发展战略及其实施措施方案的研制与修正方法论建议》的内容之一。该文件由经济发展部于 2017 年 3 月 23 日下达的第 132 号令所批准。上述方法论建议,系由俄罗斯联邦经济发展部依照 2014 年 6 月 28 日颁布的俄罗斯联邦第 172 号法律 ——《关于俄罗斯联邦战略规划》中第 32 款第 5 部分的规定而拟定的。

在上述的俄罗斯联邦经济发展部研制的方法论建议中,依据俄罗斯国立水文气象大学的建议,曾纳入下列一些条款:

◇ 将"俄罗斯沿海地区联邦主体""沿海地区和沿岸水域"等概念定义为单独的、统一的国家管理目标;

◇ 指明俄罗斯联邦主权或司法管辖权之下的海洋空间具有宪法—法律地

位的特点；

◇ 为俄罗斯联邦沿海地区诸主体判定由行业型（经济门类型）向综合化（一体化）的发展规划和海洋事业管理转向的必要性；

◇ 描述在拟定社会—经济发展战略岸—海组元中岸—海分析单元一节的基础之上，岸—海组元的形成机制；

◇ 对岸—海分析单元的结构与内容，予以推荐。

在实际中，岸—海分析单元的总体结构，将取决于沿海地区具体地段发展的现有条件与规划。因此，这一结构可能会发生变化，但是，为了顺利达成可持续发展的目标与任务，则必须应使岸—海分析单元的形成符合既定的那些原则，即：

◇ 应建立在综合性的、跨行业的方法之上；

◇ 应致力于沿海地区竞争优势的实现。此类优势，是由广义的海洋资源的存在所决定的；

◇ 应考虑到海事活动对其他类型的经济活动所构成的倍增效应；

◇ 当一些生态保护参数成为研制与采纳决策的标准时，应当顾及生态系统原则；

◇ 应当有助于构建区域海洋经济综合体最佳和有效的空间—功能结构、组建陆地和水域开发区、开发新型海洋事业和实现国家海洋政策的目标与任务。

俄罗斯沿海地区联邦主体社会—经济发展战略岸—海分析单元的研制，应当致力于解决这样一些问题：

◇ 提高海洋事业对地区社会—经济发展的贡献；

◇ 创新地发展海洋事业；

◇ 提升沿海地区的竞争力和投资吸引力；

◇ 促进兼顾海洋事业机遇与潜能利用的跨地区协同与合作；

◇ 合理利用海洋与沿岸资源；

◇ 减少与俄罗斯联邦主体沿海状况相关的负面的自然与人为因素影响风险；

◇ 确保发展中的海洋事业环境下海洋与沿岸生态系统的生态安全；

◇ 发展海洋诸学科；推广现代技术和培养海洋事业领域的干部；

◇ 利用海洋遗产作为优化爱国主义教育工作和完善青年政策的工具。

6

海岸带综合管理规划
实施效益分析

6.1　经济分析

运用传统的经济学方法对海岸带管理诸问题予以分析,并非总是能给出适宜的解决方案,亦并非总是可以作为足够可靠的行动指南。经济学家们在依据通常的经济学法则分析问题时,可能只会对海岸带整个系统的某些个别环节的运作,做出足够客观的评价。这种方法,可以被用于与一些具体目标相关的解决方案的取舍。例如,对一家企业的经营效益予以经济学评估、对港口建设进行经济学论证、对海岸加固工程施工成本给予评估等。海岸带综合管理方法论,将海岸带视为一个统一的、其所有环节均是相互关联的系统。在海岸带综合管理方法中运用物流管理原理的极端重要性,已经在第 2 章中指明。在那一章中,亦曾列举了评估运用综合方法实施海岸带管理规划较之行业管理方法所具效益的原则性方案。现在让我们来回忆一下:物流成本与因采用物流管理方法而获得的利润之差,通常是被作为综合管理方法的效益来评估的。无论其毛(总)值还是边际值,均可被用作成本和利润。物流增加一个单位时的成本(或利润)的增量,被称之为边际成本(或边际利润)。因此,总值评估使得可以对一个相当大的时区内的平均效益做出评估;同样地,边际值评估亦会提供动态研究这个问题的可能。

物流管理原理的利用,要求对效益的某些判据予以论证。此类判据是建立在对整个海岸带整体而不是其单个环节(个体)的利益给予通盘考量之上的。有些有趣的数据资料(这些数据资料,与印度尼西亚珊瑚礁的开发相关),总体说来,反映出个别个体与社会整体之间可能出现的那种"利益分歧"。例如,依据这些数据资料,个体渔业捕捞业依靠过度捕捞(25 年间由每平方千米内获取)的收入,共计约为 3.3 万美元。然而,若是从整个渔业行业立场评估这一形势,那么,这一形势则将会因同一因素而造成估计大约为 10.9 万美元的损失。由此一来,渔业整体蒙受的损失超出某些"盲目捕捞"渔民所获收入的 2 倍。个体与整体的利益分歧,可能不仅仅与违规或刑事犯罪行为相关联。例如,一些从事(可以假定是完全合法的)矿物和建筑材料开采的公司,其收入约为(25 年间由每平方千米内获取)12.1 万美元。与此同时,因这一种经营行为而给其他行业造成的损失,据同一数据资料评估如下:渔业损失为 8.1 万美元;海岸防护工作损失为1.2～26 万美元;旅游业损失为 0.3～48.2 万美元;石灰焙烧炉所用木柴费用为6.7 万美元。如此一来,给其他行业造成的损失,其总额竟达到大约 17.6～90.3万美元。由这一事例亦可得出结论,即“整体”因个别行业(或个体)经营活动所蒙受的损失,可能会大大超出该行业(或个体)所获得的收益。故,依据不同方法而做出的经济学评估,可能会是大相径庭的。因此,对海岸带综合管理规划实施效益予以经济学评估,其第一步骤,应当是构建海岸带物流模型和对一些用来评估影响效应的经济学判据予以论证。不同海岸地区诸行业的具体社会—经济结构的相互作用,会具有各自的地方特色,这些特色可能会影响到一些经济学判据的取舍。作为海岸带综合管理基本原则的物流管理方法,在此种情形之下便会揭示出取舍某些判据的必要性;而被选定的那些判据所反映的,则是对整个系统而不是对其个别环节所构成的影响效应。

可以运用基于成本与收益分析方法(costs & benefits analyses),对海岸带综合管理规划实施效益进行经济学分析。这一方法,就管理技术而言,是相当传统的;但用之于海岸带综合管理规划,则会具有一个与自然资源利用经济特殊性相关联的重大差别。自然资源利用经济的这一特殊性,便是在经济学评估的研究中引入了所谓的指定用于环境保护目的的非市场关系性质的(non-market)商品和服务。应当指出,囊括着极其多样自然资源的环境本身,此时实系完全“市场性的”商品。这些问题在《海岸带经济学》教程中有较为详细的研究。现在还是让我们回顾一下在分析海岸带综合发展方案效益时适用的某些概念吧。此类概念的实质,是要使海岸带极其多样的功能要素在比较经济评估中得到说明。鉴于这些考量,可以划归经济价值范畴的有:

◇ 直接利用价值,即与商品(或资源)的直接利用相关的价值。例如,海滨浴场所具有的可供娱乐休闲的利用价值;

◇ 间接利用价值,即不被直接利用、但系生产其他具有直接价值的商品所必需的商品(或资源)。例如,为渔业资源再生所必需的鱼类产卵地所具有的价值；

◇ 不能被利用的(隐性的)价值,即不是通过商品的利用而获取的价值。例如,对海岸带进行科学研究需要一定的经费,但此时的海岸带本身并不具备商品的属性；

◇ 最优价值,即当资源得到最佳利用并顾及其未来利用可能性时所取得的价值。例如,用于维持生物多样性所必需的自然保护区的维护价值。

此外,还可以区分出某种资源的两类可能的利用：

◇ 破坏性利用,即会导致其他利用者失去资源利用机会的利用。例如,长期的渔业过度捕捞,可能会导致某些珍稀渔业捕捞种类的消失(如里海的鲟鱼问题)；

◇ 非破坏性利用,即商品没有受到破坏,尽管被利用着。这使得在一定的限制和附加条件之下,这些商品得以被"多次"利用。例如,海滨浴场地带可以被用于开发沙滩体育项目,开发旅馆业、餐饮业,等等。

经济学分析的基本步骤,可以表述如下：

◇ 量化描述与海岸带生产—经济活动相关的商品流和服务流；

◇ 评估与项目影响相关的诸物流的量值的变化；

◇ 评估与项目实施相关的社会成本与利润；

◇ 为进出物流选定适宜的经济学评估方法(市场性的和非市场性的)；

◇ 将与项目实施相关的物流成本,同对所有因项目实施而取得的积极成果的价值所进行的经济学评估加以比照——通过这一方法对效益予以评估(项目实施所致负面后果的价值,如若存在,则应当归入物流成本)。

现在让我们将海岸带综合管理的几个欧洲项目作为实例,来研究一下对其效益所进行的评估结果。该项评估分析是在英国思克莱德大学环境研究学院进行的。评估分析者使用了专家问卷调查结果作为原始信息。这些专家是海岸带综合管理欧洲示范计划项目的代言人,以及其他一些国家级的和国际性的项目的鉴定人。

根据该项研究报告中列出的数据资料,与被研究的这 39 项海岸带综合管理项目的实施相关的总费用,共计约为 91 760 万欧元。其中,欧洲示范计划项目

(21 项)所分摊到的数额，约为 2 100 万欧元。获得国家级资助的项目，在英国（为 9 个项目），共计被拨予约 1 800 万欧元。约 6 000 万欧元，系与在欧洲诸海域海岸带实施其他项目相关、并由各种欧洲基金（为 4 个项目）和国际基金（为 4 个项目）拨付的费用。1996 年之后平均每年用于被研究的海岸带综合管理项目的费用，计约为 1 200 万～1 500 万欧元（这里及接下来，直至 1999 年，都是按欧元汇率折算的）。

表 6.1　与实施海岸带综合管理各类项目相关的费用分配(%)

项目类型	支出款项				
	创意管理	信息普及	科研与规划	基建投资	其他
欧洲示范计划	21.00	15.11	38.38	22.26	3.00
其他欧洲项目	41.95	9.43	43.20	5.42	—
国际项目	17.93	9.71	29.64	42.72	—
其他英国项目	12.25	6.80	6.30	74.65	—

　　与实施海岸带综合管理项目相关的费用，因其目的与任务的不同，可能会有多样的直接性支出结构。由表 6.1 中可见，就欧洲示范计划诸项目而言，其特征是：对所有款项的支出，均作大致均衡的分配；就其他欧洲项目而言，其特征是：投向科研、规划和积极推广海岸带综合管理要素的支出，占优势；就国家一级的海岸带综合管理项目而言，其特征则是更偏重于基建投入。

　　研究者们将项目对海岸带所形成的效应划分为两种——定性效应与定量效应。定性效应可以包括：优化决策过程、理顺自然资源各类利用者间的相互关系、提升公众对海岸带问题的知情度、强化合作精神、改善生活质量，等等。定性效应，难于用客观指标来描述，故通常运用专家评估方法予以判定。对定量效应的评估，通常会利用到拨付用于项目实施的财政资金规模。此时，人们通常会认为，项目所拥有的财政资源越大，它对海岸带（对其自然的、社会的和经济的构成）所形成的影响便亦会越大。受到分析研究的 36 个项目，曾被分作两个组别，这一分组，判定出海岸带综合管理效应水平的高低之分。低水平效应（主要是一些欧洲的和国家一级的计划）的前提条件是要求财政资金依据如下方式拨付，即按 50 万欧元＋受项目影响的海岸线每千米 10 欧元来划拨。高水平效应（被研究的 4 个国际性规划，拥有约 2 000 万欧元的总预算），其相应的资金拨付是按 500 万欧元＋每千米海岸线 250 欧元来计算的。如此一来，在欧洲，一个海岸带综合管理项目，其年度直接拨款的平均额度，90 年代末时为 25 万～2 500 万欧元。除用于项目实施的直接费用之外，分析者还将所谓的"间接费用"包括进来。这类费用与进行一些额外的咨询、参与会商、论坛和其他一些旨在解决项目任务的例行公事。这类活动，均要求脱离正常的工作，但却不按直接支出款项予以拨款。间接性支出，是按照在项目上每耗时 1 小时额外时间支付 80 欧元来计算的。

在项目实施过程中所取得的成果，亦是可以被划分为定性的和定量的两大类。所谓定性的成果，这便是在海岸带各类功能范畴内所发生的种种变化。在经济指标中展现这些变化（例如决策制定过程的优化、资源利用者之间对话的发展等），是很复杂的。可以归入定量成果的，即那些能够通过种种资金流的变化而加以显示的成果，则是诸如那些与利用海洋和海岸带资源相关的企业因项目的实施而取得的收益的增长，得到保全的资源所具有的价值，已建成的永久性设施所具有的价值，受项目影响而获得的投资，等等。图 6.1 中所示，系项目实施过程中定性成果（较亮色块区）与定量成果（较暗色块区）之间的比例关系。

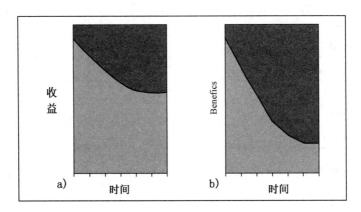

图 6.1　具有不同效应强度（a 为弱势效应；6 为强势效应）的海岸带项目
实施时定性指标（亮色块）和定量指标（暗色块）的变化

援引的这些图表证明着这样一个事实,即当项目资金有限时(例如,在海岸带综合管理项目的发起时段),不应期待海岸带经济活动指标的快速提升(即收益、投资流入量等等的增加)。这一过程推进得相当缓慢。起初发生的,是一些定性指标得到改善,即管理系统得到优化、自然资源不同利用者经营行为的协调走上正轨、立法基准得到完善、对一些问题及其解决途径的良好理解显现出来。最后,经过优化的海岸带综合管理机制的推行,亦会导致一些宏观经济指标的改善。在此种情形之下,对项目效益进行经济学分析时,定量指标的作用便会增大。

让我们还是先来看一看欧洲一些国家实施海岸带综合管理项目所取得的定性成果吧。表 6.2 中所列出的,是依据问卷调查数据而得出的主要结果。

表6.2　欧洲国家海岸带综合管理项目实施过程中所显示出的主要定性成果

定性指标	显现为良性的成果		效应评估平均值
	项目数目	百分比	
决策制定的优化	33	84.6	1.84
相互理解的改善	32	82.1	1.41
公众的高度信息知情度	32	82.1	1.81
优先顺序的协调程度	29	74.4	1.83
更为可持续的旅游业	28	71.8	2.00
区域规划的优化	26	66.7	1.85
合作精神的加强	24	61.5	2.04
教育类创意的开发	22	56.4	1.91
生物保护	20	51.3	2.00
生活质量的改善	18	46.1	1.89
更为可持续的渔业捕捞	16	41.0	2.31
污染的减少	16	41.0	2.25
景观的改善	16	41.0	1.94
环境保护的优化	16	41.0	2.19
海岸水患与侵蚀所致负面后果的缩减	11	28.2	2.40
运价的缩减	5	12.8	3.00

　　表 6.2 中提供了海岸带功能诸项定性指标的清单,并表明据鉴定专家们所见,诸项目的相应指标的改善各占多少比重(即项目数量和百分比)。其最后一栏所示,系对这一影响的效应予以评估而得出的平均值。且在对效应予以评估时,其诸项指标的值,被假定等同于:1. 具有很大的良性影响;2. 具有某种良性影响;3. 没有影响;4. 具有某种负面影响;5. 具有很大的负面影响。上述诸项评估表明,据鉴定专家们所见,诸项目没有对海岸带构成负面影响(即诸项评估均低于或等于指标值 3)。不过,这一效应水平,是不可以被称之为很高的。这些效应评估,大体上接近效应值 2(即具有某种良性影响)。海岸带综合管理项目的影响,在海岸带不同利用者相互关系的改善方面,有着效果显著的表现(即效应平均评估值为 1.41)。据另一些数据所示,大约有半数鉴定专家曾将这一定性指标的改善视同于因项目实施而取得的最为重要的成果之一。

　　表 6.3 中列出的,系一些主要的定量指标,此类指标所描述的,是欧盟诸国用于实施海岸带综合管理计划的总费用和因此类计划的实现而获得的收益。该表中列出与上面分析过的效应类型——海岸带综合管理效应的高、低两种水平相应对的数据。

表 6.3　欧盟诸国实施海岸带综合管理计划所发生的总费用、收入与利润

经济学评估	低水平效应 (以百万欧元计)	高水平效应 (以百万欧元计)
海岸带综合管理项目实施总费用	10.1	87.0
因海岸带综合管理项目的实现而获得的总收入,其中包括: 由工业和旅游业产出的收入 居住环境的改善	 47.8 89.4	 478.5 268.4
	137.3	746.9
总利润(收入—支出)	127.1	659.8
比值(收入/支出)	13.6	8.6

　　诚如表 6.3 中所列数据表明的那样,于 90 年代末实施的、与开发海岸带综合管理相关的一些项目,其效益是相当高的。收入与支出的比值,平均为 1∶9。在海岸带综合管理系统效应处于低水平条件下时,变化主要表现在环境质量的

改善、海岸带利用者间关系的和谐化、社会舆论作用的提升。在海岸带综合管理系统效应处于高水平条件下时，对总利润的巨大贡献，则始于收入的产生，此类收入与激活工业、旅游业和其他一些对该沿海地区具有经济意义的行业相关。已经得出的这些结论，可以作为海岸带综合管理系统阶段性发展的实例：在第一时段内，在以合理方式对待自然资源利用的基础之上，对管理自身的质量进行优化；而在第二时段内，对管理的完善，会导致不背离可持续发展原则的经济增长。

6.2　海岸带可持续发展范畴内有益经验的传播

还有另一种方法，可以用来评估海岸带综合管理系统开发范畴内项目实施的效益。该方法是建立在对管理方法、管理工具中的一些要素或只是对一些具体的积极因素予以筛选的基础之上。此类要素或积极因素，在项目实施的具体条件下，对海岸带的自然组元、社会组元和经济组元形成了有益影响。项目实施时积极效应的取得，可以被视同于海岸带发展范畴内某种有益经验的获得。在联合国教科文组织系统中，这种有益经验被称之为"wise coastal practices"（明智的海岸带实践）；在欧盟的一些文献中（其中包括《欧洲海岸带发展战略》），使用的则是"best coastal practices"（最佳的海岸带实践）。我们建议在俄文文本中使用"положительный опыт"（有益经验）这一术语。

筛选有益经验的方法，可能会在海岸带综合管理开发中具有广泛的用途。其中亦包括，这一方法也可被用于评价一些所谓试验性项目的效应。在海岸带综合管理范畴内，试验性项目，通常是一种持续时间不长的局部性方案，其目的是为了解决一些具体问题和获取一些具体的效果。试验性项目的执行，亦可能与实施一些重大规划的准备相关。在此种情形之下，受到试验项目影响的沿岸地区，便通常会被视同于演练海岸带综合管理范畴内的一些方法和推广各种各样机制的试验场。实施这些试验性项目的目的，便是积累经验和评估在结构类同的其他一些地区复制这一经验的可行性。欧洲海岸带综合管理示范计划（1997—1999 年）的实现，则可能会是利用试验项目体系的一个优秀范例。这一计划包括在欧盟不同国家海岸带内实施 21 个项目。在实施这一示范性计划过程中所获得的广义性经验,已成为研制与采纳海岸带综合管理开发领域全欧战略的依据。

　　建立在对有益经验要素予以筛选基础之上的项目评估方法,是在联合国教科文组织各部门间协作平台上研制完成的,其中即有联合国教科文组织属下的海岸带和小型岛屿环境保护与发展部(UNESCO\CSI)的参与。在举办了一系列的、有各个门类专家参与的专业研讨会之后,曾对用来评估可能会因海岸带综合管理范畴内的项目实施而获得有益经验的 17 条标准,做出准确的定义。专栏6.1 中列出的,即为这 17 条标准的一览表,并附有说明。除了这些标准之外,在工作过程中,还研制出进行项目评估的若干建议。评估程序所追求的目标,不仅仅是,或许不全是对项目执行情况作一般性的监督。进行这种评估的目的,首先便是:针对具体项目对沿岸某一地区的影响效应,予以评价;对该区域内的总体形势,予以分析;对采用各类不同机制来解决一些具体课题的可行性,予以研究。运作此类评估的一个重大益处,便是可将评估总结以及实施该项目所获得的成果,呈现于互联网上,其目的是使海岸带综合管理可持续发展方面的经验得到广泛传播。我们使用“评估”这一术语(用来替代较为惯常使用的“检查”一词),这一术语,在我们看来,在当下这个语境中,与英语术语“assessment”最为吻合。

专栏 6.1

联合国教科文组织使用的用于参量评估海岸带稳定发展领域内试验性项目效益的有益经验表征

　　若项目在其实施过程中于下述方面取得了有益成果,则可以被认定是有效益的:

　　长期作用的效果(*long-term benefit*):即环境质量于项目完成之后,其种种良性变化,历经(x)年之后,依然可见。

　　潜能的构建与发展(*capacity building*):即项目的实施,凭借对职业培训领域内的教育的优化,以及对专为海岸带利用者和居民定制的各类教育计划的开发而使管理的效率得以提升。

组织结构的完善(*Institutional Strengthenin*)：即项目的实施,凭借对诸项管理机制或结构的完善或构建而使管理效率得到提升。

项目的可持续性(*Sustainability*)：即指项目所倡导的事业,会在该项目完成之后的未来中获得延续。吸引利益相关组织参与项目实施的效果、项目实施质量以及作为成果的项目的延续前景,显示出项目与可持续性原则相符合的程度。

可复制性(*Transferability*)：即反映着将经验运用于其他海岸带地段或其他地区的可行性。

跨学科性和跨部门性(*Interdisciplinary and intersectora*)：即指项目的实施,是建立在综合性方法基础之上的。这一方法囊括各种不同门类科学知识的运用。此外,社会所有阶层的利益,均在项目中得到体现。

社会参与水平(*Participatory process*)：即对那些为吸引社会所有人群(居民群体、海岸带利用者单独群体,以及个体公民)关注海岸带问题而采取的运作,进行评估。

社会协同水平(*Consensus building*)：即对那些为开展合作和协调与海岸带发展相关问题而采取的运作,进行评估。

信息沟通程序的效应与效率(*Effective and efficient communication process*)：即对那些为了开展对话、咨询和磋商而建立起来的信息沟通联系的多样性,进行评估。

地方责任(*Locally responsive*)：即评估项目运作对保护文化古迹、地方传统和地方渔业具有何种程度的促进作用,其中亦顾及它们所具有的生态意义。

一些尖锐的社会问题(*Gender and/or other sensitive issue*)：即评估项目运作对解决家庭或某些其他社会问题具有何种程度的促进作用。

地方认同感的培养(*Strengthening local identities*)：即评估项目运作在培养人们对海岸带境内发展过程的进展持有休戚与共情感方面具有何种程度的促进作用。

对健全国家政策的促进(*Contributing to national policy*)：即评估项目运作在信息或任一其他层面上对国家政策的健全具有何种程度的促进作用。

区域尺度(*Regional dimension*)：即评项目运作对同一区域内诸不同国家间经济、社会或环境保护相互影响的发展具有何种程度的促进作用。

人权(*Human rights*)：即评估项目运作是如何以健全个人自由与权利为定位的。

文献资料工作(*Documentation*)：即评估已获得的经验是如何受到以各种出版物、公开演讲、科研报告之类形式出现的文献资料的保驾护航而得到良好保障的。

评估的重复(*Evaluation*)：即对评估的重复予以分析研究。这一重复的目的,是要查明消化海岸带综合管理实践有益经验的时间尺度。

资料来源：联合国教科文组织,2002 年。《资源与价值冲突管控：大陆海岸。"海岸带冲突预防与解决的明智实践"研讨会成果》,马普托,莫桑比克,2001 年 11 月 19—23 日。《海岸地区和小型岛屿论文集 12》,联合国教科文组织,巴黎,第 51—52 页。

依据现今实践中采用的联合国海岸带和小型岛屿环境保护与发展部的建议,评估程序包括：

定义评估目的。

可以作为评估目的的有：对业已采取和计划采取的运作予以分析；在项目任务相似的不同执行者之间进行经验交流；传播有关项目成果方面的信息,等等。

组建团队。

实施评估运作的团队,最低限度应当包括一位先前不曾参与项目实施的专家、若干名熟悉项目所取得的成果的专家和必须要有一位项目执行负责人。不过,这个团队不必很庞大(大致为 4 个人)。

确定团队领导人。

应当由一位外来专家任团队领导人。该领导人的职责包括：拟写评估结论报告草案；与团队其他成员共同对该草案予以研讨；使团队成员对草案提出的意见和补充取得一致看法；拟定报告的最终稿本。

巡访项目实施区。

在进行评估的过程中,评估团队应当对项目影响区域,即为海岸带实施该项目的那个地区,予以巡访。在数日巡访期间(2—4日),评估参与者应当实地了解项目实施的现行成果,或参与各种与项目实施相关的运作。

拟定巡访计划。

巡访计划应当仔细制定,并应能使评估参与者(即评估团队)在短暂时期内,通过会晤被吸纳参与项目实施的当地各类组织代表人士、自然资源直接利用者、大众传媒人士等的办法,最大限度地充分了解项目的执行情况。巡访计划应当得到评估团队全体成员的同意与批准。

文献资料工作。

为使评估团队的工作更为有效,应当让评估团队成员在不少于一个月的时间内去熟悉与项目实施相关的所有文献资料,其中包括诸项报告、音频和视频资料、出版物的复本。由项目执行者准备一份总结项目实施活动的专题概述,或许是个有益的举措。

评估标准。

应当运用评判有益经验是否取得的那17条标准(详见专栏6.1),作为评估的依据。在许多时候,也可以使用其他一些能够反映地区特色或项目实施特点的指标,对这些基本标准予以补充。

撰写评估结果报告。

评估团队成员通常要在巡访结束时段,对项目实施的现状进行研讨;对项目框架内已经完成的行动,予以鉴定性的评估。这一鉴定性评估,施之于每一项评估标准。就项目效应水平的评估而言,定性的或定量的指标,均可能被用及。定性的标度包括四个等级,分别为:不符合标准、勉强符合标准、部分符合标准、完全符合标准。定量的标度使得可以做出较为细化的评估标准:不符合标准——0;(勉强符合标准)——1—3;部分符合标准——4—6;完全符合标准——7—9。对每一标准所做的评估,其结果均附有简要的结论(概述)。通常会以提出问题的方式对已完成的运作所做的评估结果,做出结论(最多为5项)。这些问题必须在接下来的工作中予以解决。未来将要实施的旨在解决这些问题的运作,会从可能获得联合国教科文组织海岸带和小型岛屿环境保护与发展部的资助（或可能与其签订一些合同）的角度，受到研究。这些未来将要实施的运作，通常会包括有关在联合国教科文组织海岸带和小型岛屿环境保护与发展部为传播海岸带可持续发展领域有益经验而资助的网站（WiCoP Forum）上介绍和发布项目信息的建议。评估结果由团队领导人以评估报告草案形式予以总结。此后，该草案会经过评估团队全体成员的商讨。当所有有争议的问题均得到妥善协调、报告文本获得全体评估参与者的赞同之后，该报告方被视作最终撰写完成。

评估的终结。

评估报告最终撰写完成后，要在联合国教科文组织海岸带和小型岛屿环境保护与发展部网站上发布。对该项目所做的更新性质的描述，亦发布在那里。这一更新是鉴于在评估过程中所获得的一些建议与建言而做出的修正。

评估实施周期。

建议每 2—3 年实施一次评估。

评估持续时间。

评估的总时长，从其计划开始至完全终结为止，通常为 6 个月。

作为一个实例，专栏 6.2 中所示，为经过授权而译出的一份评估报告的一个章节。该报告的内容为联合国教科文组织海岸带和小型岛屿环境保护与发展部试验性项目的评估主要结果。该项目是被用来研制白海和巴伦支海海岸带可持续发展战略。圣彼得堡俄罗斯国立水文气象大学自 2000 年起开始实施该项目。进行此项评估分析时，使用了 16 项标准。这些标准与上面研究过的那些标准差别不大，因为，专栏 6.1 中所示，系依据一些建议而对这些标准做出的最后表述。专栏 6.2 中（以提问形式）列出相应的标准、对这些标准的评估（括号内）和简要的结论。评估是在 2002 年 8 月进行的。在进行评估的过程中，评估团队成员访问了摩尔曼斯克市（巴伦支海）和坎达拉克沙市（白海）。评估团队的领导人，是联合国教科文组织的专家、波多黎各大学的吉利安·坎贝尔斯。完整的评估报告以及该项目的说明，均公示在联合国教科文组织的因特网页（http://www.unesco.org/csi）上。

专栏 6.2

联合国教科文组织海岸带和小型岛屿环境保护与发展部
《白海和巴伦支海海岸带可持续发展战略研制》
试验项目评估主要结果

该项目是否具有长期效应?

（部分符合标准）

项目所具有的长期效应,表现在对诸多管理机构、私营经济部门人士、自然保护组织、学者和专家们之间互动关系的调谐理顺之中。这其中便有:坎达拉克沙市行政当局计划成立一个工作小组,以便对各类与坎达拉克沙市海岸带发展相关的倡议予以协调。该工作组会把海岸带各类利用者群体的代表均包含进来。俄罗斯国立水文气象大学的学生们,在生产实践教学大纲框架内,可直接参与野外研究工作,并在解决坎达拉克沙海湾海岸带具体问题过程中获取实际工作的经验。圣彼得堡和坎达拉克沙两地的中小学生们,也被吸纳参与到一些与该项目相关的活动中来,其中便包括与坎达拉克沙市儿童生态夏令营的互动。

该项目是否有助于人力资源潜能的开发与组织结构的强化?

（完全符合标准）

该项目促成了俄罗斯国立水文气象大学创立俄罗斯联邦境内首个海岸带综合管理领域的专业教研室(创立于 2000 年)。该教研室的活动,旨在于俄罗斯联邦境内构建起海岸带综合管理领域骨干人力资源储备。计划每年青年管理专家的毕业人数将为 15～20 人。该海岸带综合管理专业的首批毕业生,结业于 2002 年。该教研室的毕业生,系为日后在国家管理机关以及与保障俄罗斯海岸带经济活动相关的各类组织中从事工作而定向培养的。开发优化生态管理领域内的潜能,是与开启与具体的海岸带利用者诸多团体之间的对话相关的。例如,在白海石油码头行政当局和坎达拉克沙国家自然保护区行政当局之间,对有关在坎达拉克沙海湾水域进行长期监控的必要性的理解,已经达成。一些年度性的研讨会的举办,促进了海岸带各类资源利用者之间的相互理解与对话的改善。当地的资源利用者们以及一些来自坎达拉克沙、摩尔曼斯克、莫斯科、圣彼得堡的从事北方地区问题研究的著名专家们,亦曾被吸引参与到研讨会工作中来。积极参与研讨会工作的,还有俄罗斯国立水文气象大学的学生与老师们,他们就自己在这一地区的工作成果做了报告。吸引中小学生参与该项目,也促进了对他们的生态学教育。但是,构建干部力量储备的工作,应当持续进行下去,特别是在一些资源利用者关键性群体之中,例如在对该地区而言事关重大的、与海洋生物资源利用(渔业、海洋水产养殖经济)相关的那部分人群中,更应如此。此外,应当注意到理顺与地区和市政管理机构关系的重要性。

　　与项目实施相关的运作是否为可持续性的?

（部分符合标准）

　　大多数教育类的创意,均是可持续性的,其中特别是那些与俄罗斯国立水文气象大学创办海岸带综合管理教研室相关的倡议。在当地自然资源利用者中宣传合理利用自然资源的知识——这项工作已经开启。项目所采取的运作,促进了私有经济成分发展的可持续性,特别是在海水养殖经济的开发和生态旅游业的开发方面,其办法是:在相对脆弱的自然资源利用经济条件下,营造对大自然秉持珍爱态度的氛围。

　　有否可在其他地区推广该经验?

（完全符合标准）

项目实施过程中获得的经验,包括其社会——经济那部分经验,曾被用于位于黑海沿岸的图阿普谢市的社会舆论研究。此外,这一经验,也曾被用于分析普里莫尔斯克市新建石油码头(波罗的海,芬兰湾东部地区)建设过程中社会舆论的变化。在坎达拉克沙和普里莫尔斯克两地,曾对大型港口设施与比邻的自然环境保护区之间的相互影响做过分析。由此得出的经验,曾引起德国一些专家们的兴趣:他们在德国北部沿海地区亦遇到类似的问题。该项目所取得的经验,曾在学术论文《北方诸海域海岸带生态监控》中被采用。

该项目是否为跨学科和跨部门类型的?

(完全符合标准)

在该项目框架内所实施的研究,均系基于各类不同学科基础之上,其中包括海洋学、水文学、生物学、生态学及社会与经济诸学科。该项目所实施的运作中,亦包括各类大专院校的参与。但是,将来,应当采用与立法分析相关的方法;也应当吸纳人类学领域的专家们参与。所有主要部门,均被吸纳到项目的实施中来,其中包括国家管理机关、非政府组织、私营经济部门人士、大众传媒人士、青年人和公民社团。下一步所要采取的一些行动,应当是致力于强化与各级政府管理机关的联系。

该项目是否促进了公众参与的发展?

(部分符合标准)

在俄罗斯,吸引公众加入环境保护行动的操作,传统上仅局限于"绿色环保志愿者"的参与。在坎达拉克沙地区,非政府的社会性环保组织,其形成过程尚处在最初始阶段。目前已经组织起来的一些年度研讨会,提供了自由发表意见和在自然资源各类利用者群体间展开讨论的可能。

该项目是否有助于社会协同一致的培养?

(部分符合标准)

该项目所采取的一些运作,有助于在自然资源利用者某些群体间达成社会意见的统一。例如,在项目框架内发起的讨论过程中,一些与开发海洋水产养殖业相关的主要问题,得到了准确的表述;解决这些问题的一些可行路径,亦得到确定。类似的一些努力,亦曾被用于解决与坎达拉克沙港口对坎达拉克沙国家自然保护区的影响相关的那些问题。在这些时候,俄罗斯国立水文气象大学,均是作为那些旨在达成相互理解的种种运作的倡导者而出现的。

该项目是否促进了信息沟通运作方法的开发?

(完全符合标准)

有效的信息沟通运作方法的开发,乃是项目实施的重要要件。在项目实施过程中,曾举办了一些学术研讨会、各种类型的见面会和商讨会。与该项目所采取的运作相关的一些重要事项,曾借由公众信息手段予以公布,其中包括无线电广播、电视、报纸,甚至一些专门制作的折纸式印刷宣传品。应当指出,与联合国教科文组织的合作,提升了大众传媒对该项目的兴趣。这其中便包括,摩尔曼斯克无线广播电台和电视台人士曾参与了赴坎达拉克沙的旅程并制作了有关该项目活动的专题电视节目。最后,在评估结尾阶段,曾于穆尔曼斯克举办了一次新闻记者招待会。会间公示了本次评估的初步总结。

该项目是否有助于文化珍品的保护?

(部分符合标准)

总体说来,科拉半岛的居民中也包括那些于不同时间、从不同地域来到这里寻求高薪工作的人们。作为此地居民的性格特征,可以注意到这样一些特点,即独立性与自主性。也许,这或多或少与北方相当复杂的气候条件相关。这些复杂的气候条件在某种程度上促成了当地居民与非原住民的文化的同化,有助于他们对当地条件的适应。在项目实施过程中,一些与沿海居民文化相关的问题,曾被触及。此类沿海居民可以在这一语境下被视同于科拉半岛的原住民。

该项目是否对一些社会问题予以了关注?

（完全符合标准）

尽管该项目中并没有包含与家庭事务相关的那些问题,但它还是在其运作中顾及这方面的情况。在暑期生产实践期间,大学生与教师们参与了位于坎达拉克沙海湾海岸帕尔基纳湾儿童体育夏令营的教育工作。夏季,在这个夏令营里度夏的,亦包括来自缺乏社会保障家庭的儿童。

该项目是否有助于自给自足能力的巩固?

（部分符合标准）

在帮助当地的海岸带资源利用者群体解决他们自己的问题的同时,项目的运作也正是通过此种方式促进了他们的自主性的发展,进而亦促进了他们的独立性与自给自足能力的发展。海岸带资源利用者中,有许多人士都曾指出:俄罗斯国立水文气象大学和联合国教科文组织,作为旨在解决海岸带各类问题而采取的那些行动的倡导者,发挥了积极的作用。

该项目是否有助于国家立法政策的形成?

（部分符合标准）

　　该试验性项目活动,与俄罗斯国立水文气象大学参与联邦专项规划——世界海洋项目有关联。这一专项规划项目,旨在拓展俄罗斯诸海域海岸带综合管理的社会——经济、法律、生态、制度的基准。由俄罗斯联邦工业、科学与技术部监管的这一项目,其任务之一,便是研制关涉俄罗斯海岸带的联邦法律。坎达拉克沙海岸带,可以被视同于一个用来实施海岸带综合管理基本原理的试验场。因此,尽管俄罗斯国立水文气象大学没有直接参与联邦立法的研制,但它的行动有助于一般性方法的制定和国家海岸带政策的形成。

　　该项目是否有助于区域性合作的发展?

（勉强符合标准）

　　在该项目的语境之下,其区域性的(国际性的)组成部分,着力于巴伦支海地区。该地区包括挪威、芬兰和瑞典三国的北部地区,以及摩尔曼斯克州和阿尔汉格尔斯克州。该项目目前尚处在实施的早期阶段,因此,其区域性组成部分的发展前景,表现微弱。但是,这其中,国际性组成部分的发展前景,也是与联合国教科文组织的大学间国际合作网络——“大学结对与网络建设计划”(ЮНЕСКО/ЮНИТВИН)的建立相关联。俄罗斯国立水文气象大学已加入了这一网络。

　　该项目是否促进了人权的发展?

（勉强符合标准）

　　该项目触及保存科拉半岛沿岸地区滨海村镇的必要性问题,且依据的原则是:维护其原住民拥有利用海岸带资源以求生活必需水准获得保障的权利。不过,对这一问题的商讨,尚处在最初的阶段。

反映项目运作的文献资料工作水平如何?

(完全符合标准)

与项目相关的运作,得到了文献资料工作的出色反映。除一些关涉项目的科研报告之外,项目的运作,亦在一些年度学术会议著做出版物中、在其他一些科技杂志登载的文章中、在专门制作的折纸式印刷宣传品中、在一些激光唱片和录像带中,得到反映。但尚存在着在国际层面上更为广泛地展示该项目成果的必要。

先前是否进行过对该项目的评估,或曾被评定为不符合标准?

先前未曾进行过评估。

资料来源:http://www.unesco.org/csi。呈送联合国教科文组织的这份报告,系由评估团队领导人——联合国教科文组织专家吉利安·坎贝尔斯(波多黎各大学)撰写。

某一具体项目的评估数据被引用,其目的是为了具体说明某些评估标准所具有的意义——这些标准表明:试点项目实施时,存在着有益经验的要素。显然,因项目的影响而产生的良性结果越显著,便会在项目实施中取得更大的效益。在这里应当指出,对项目运作予以评估的这一方法,其优势在于:可以对项目的继续实施予以校正和凭借在推广有益经验中的协作而令项目的效益得到放大。借助出版物、互联网、报告会和新闻报道进一步传播项目成果信息,的确也是进行评估的一个重要方面。

结 论

海岸带行动策略的制定,乃是构建海岸带综合管理系统时的关键阶段之一。在制定海岸带政策基本原则过程中达成的对一些问题的理解和对解决这些问题的途径的理解,应当成为研制海岸带综合管理框架内进一步的具体措施方案的基石。而该方案的宗旨,则是要使诸海区及其海岸地带获得可持续性的发展。在协同一致的行动策略的筹划、磋商和核定过程中所得出的那些结论,使得可以就针对海岸带综合管理系统提出的种种必不可少的要求,在顾及地方特色、经济结构特征和居民特点的同时,予以精确定义。海岸带行动策略,究其实质,乃系对海岸带具体地区发展基本走向予以规定的方略;同时将海岸带综合管理方法,作为调控这一发展的机制而加以运用。

对海岸带资源较为充分且合理的利用,应是能使俄罗斯联邦的经济潜能得到切实的提升。因此,应当在联邦层面筹划制定出来的适用于俄罗斯海岸的海岸带行动策略,便势必会是国家海洋政策的一个组成部分。

本书,是运用俄罗斯和外国经验实例对海岸带行动策略研发方法予以描述的尝试。考虑到海洋事业综合管理方法运用中存在着新鲜事物和经验的不足,因此,在本书的起始部分,将相当多的注意力投向对一般性问题的分析研究。此类问题,或许为工作在这一领域的专家们所谙熟,但对这些问题予以仔细研究,应是会有助于使大学生对海岸带发展形成综合性的新视角。此外,本书的作者们期望:研读这部书,会令那些正于时下为海岸带可持续发展问题所吸引的专业人士们大为便利与快捷地掌握海岸带综合管理方法论。

引用文献目录

附录 1

海岸带区划的一般方案

依自然地理分区

参数	数据类型
地貌学	几何学、深度、高度、地形、海岸类型、地质构造、海岸线、土壤成分、泥沙运动总图。
沿海海洋水文学	海浪、海平面、海冰现象、海流、沉积动态、温盐状态。
气候学	风、降水、气温、气压、湿度。
陆地水文学	集水区面积、河流径流、固体径流。
水文地质学	土壤分布、地下水、陆地水化学。
污染程度	土壤污染、沿岸水域污染、地表水污染。
自然灾害	自然灾害种类、依据影响对海岸做出的分区。

依生物学参数分区

参数	数据类型
生物基本成分	生物元素、绿叶素、生物量、产出率、生物产出区状况： ■ 鱼类产卵地； ■ 捕捞区； ■ 育肥区； ■ 洄游区； 鸟类筑巢孵卵地带。
生物资源	动植物群落的数量与质量构成、生物多样性、受到保护的物种、群落生态、保护区。

依社会—经济活力参数分区

参数	数据类型
居民	居住密度、人口迁移、就业种类、教育、基础设施、交际渠道。
用户	都市化、工业、渔业、海上运输、农业、矿业、文化实体，其中包括历史类、自然类和建筑类遗存，休闲区和疗养机构，其他一些用户。
管理	行政区划和行政边界、土地所有制种类、分区方案、沿海地区立法、战略发展计划。

依环境保护分区

参数	数据类型
影响	陆地污染、水系污染、大气污染、城市与工业废水、影响矩阵(利奥波德矩阵类型)。
监测	环境物理特性的变化、环境化学特性的变化、放射性、微生物参数、卫生防疫状况、生物物种监测、海岸线侵蚀、特别事件: ■ 船舶失事与石油泄漏; ■ 动植物大规模死亡事件; ■ 其他一些重复出现的负面现象(藻华、鱼类大量死亡等)。

依社会领域状况分区

参数	数据类型
状况	民族人口(少数民族等)特征、年龄构成、人口就业率、生活水平、冲突: ■ 自然资源利用者相互影响矩阵; ■ 海岸带经济活动影响矩阵。
前景	地区发展计划、建筑计划、一些主要的社会计划。

附录 2

西班牙采用的环境状况指标(专栏 2.1 中亦列出一些示例)

1. 地貌与海底

指标:发生变化的地表所占百分比

I＝(发生变化的地表/活动范围的整个地表)×100%

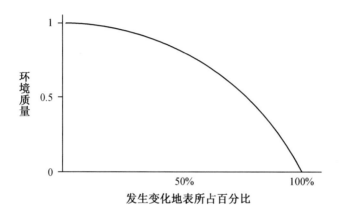

2. 洋流

指标:洋流力的减弱。

		未受项目影响的洋流力					
		很强	强	中等	弱	很弱	无
项目实施时的洋流力	很强	0	—	—	—	—	—
	强	1	0	—	—	—	—
	中等	2	1	0	—	—	—
	弱	3	2	1	0	—	—
	很弱	4	3	2	1	0	—
	无	5	4	3	2	1	0

因项目影响而使洋流力提高,可能性不大,因此,本书对此不予探讨。在"无"项目存在情况下,这一指标总是为零。

自然洋流的类型差异,取决于如下变化函数:

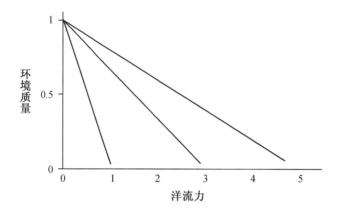

3. 热工况

指标：海岸带平均水温的变化

I＝平均温度－无项目时的平均温度

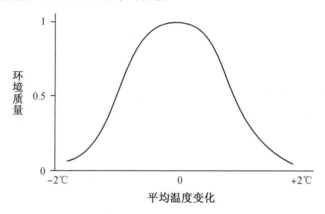

4. 透明度

指标：塞氏盘不可见时的深度（米）

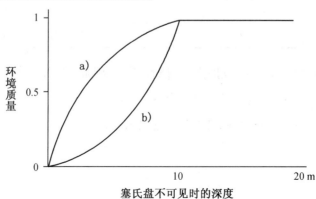

a）——开放式海湾；

b）——封闭式海湾

属于封闭式海湾的，是其入海口不超过其总周长的 20％的海湾。

5. 浴场水域的卫生质量

指标 1:粪便排泄物的含量

I＝粪便排泄物/100 ml 水

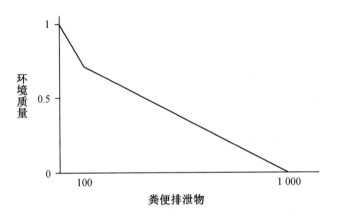

指标 2:溶解氧饱和度

I＝溶解氧饱和度

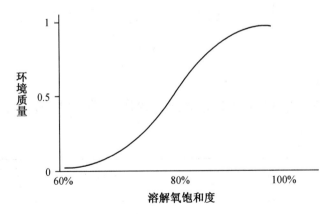

6. 沙质

指标 1:每 100 ml 海沙中的粪便排泄物

I＝每 100 ml 海沙中的粪便排泄物

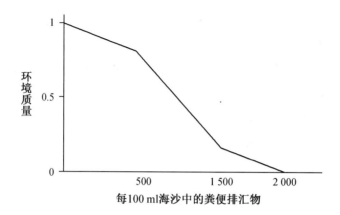

每100 ml海沙中的粪便排汇物

指标2:非天然的固体废物

I＝固体废物,克/m²

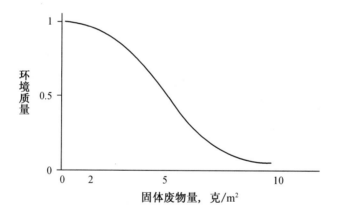

固体废物量, 克/m²

7. 可用水质

指标1:消耗水质的量化指标(颜色;漂浮物;脂类、油类和碳水化合物)

$I = I_{颜色} + I_{漂浮物} + I_{脂类等}$

颜色($I_{颜色}$)	褐色 2	绿色 1	蓝色或透明 0
漂浮物($I_{漂浮物}$)	密集 2	微量 1	无 0
脂类、油类和碳水化合物($I_{脂类等}$)	密集 2	微量 1	无 0

这三个组分的总和,会相应地在 0～6 之间变化。

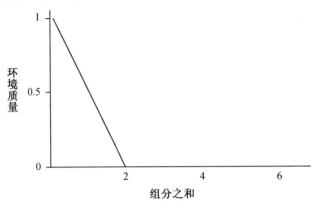

指标 2:消耗水质的量化指标(漂浮物)

漂浮物数量	指标等级
无	0
微量	0～1
中等	1～2
过多	2～3

指标 3:消耗水质的量化指标(气味)

a) 不易察觉;

b) 气味明显;

c) 气味不佳。

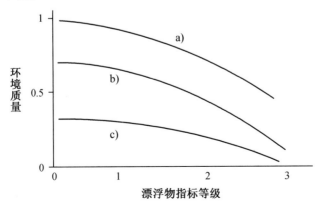

图书在版编目(CIP)数据

海岸带行动策略：以俄罗斯等国为例 /（俄罗斯）尼古拉·列昂尼多维奇·普林克著；郑振东译. — 南京：南京大学出版社，2021.11

（俄罗斯社会与文化译丛 / 王加兴主编）

ISBN 978-7-305-24386-8

Ⅰ. ①海… Ⅱ. ①尼… ②郑… Ⅲ. ①海岸带－综合管理－研究－俄罗斯 Ⅳ. ①P748

中国版本图书馆 CIP 数据核字(2021)第 074364 号

Политика действий в прибрежной зоне
Copyright © Автор книги Плинк Н. Л.

Simplified Chinese translation copyright © 2021 by NJUP

江苏省版权局著作权合同登记　图字：10-2018-215 号

出版发行　南京大学出版社
社　　址　南京市汉口路 22 号　　　　邮　编　210093
出 版 人　金鑫荣

丛 书 名　俄罗斯社会与文化译丛
丛书主编　王加兴
书　　名　海岸带行动策略：以俄罗斯等国为例
著　　者　[俄罗斯]尼古拉·列昂尼多维奇·普林克
译　　者　郑振东
责任编辑　黄隽翀

照　　排　南京南琳图文制作有限公司
印　　刷　盐城市华光印刷厂
开　　本　787×960　1/16　印张 15.75　字数 254 千
版　　次　2021 年 11 月第 1 版　2021 年 11 月第 1 次印刷
ISBN　978-7-305-24386-8
定　　价　58.00 元

网　　址：http://www.njupco.com
官方微博：http://weibo.com/njupco
官方微信号：njupress
销售咨询热线：(025)83594756